中国著名水文景观

徐 潜 / 主 编

张 克　崔博华 / 副主编

王忠强　汪静怡 / 编著

ZHONGGUO ZHUMING SHUIWEN JINGGUAN

吉林文史出版社

图书在版编目（CIP）数据

中国著名水文景观 / 徐潜主编 . —长春：吉林文史
出版社，2013.4
ISBN 978-7-5472-1555-5

Ⅰ.①中… Ⅱ.①徐… Ⅲ.①河流-中国-少年
读物 ②河流-中国-少年读物 Ⅳ.①P942.077-49

中国版本图书馆 CIP 数据核字（2013）第 068646 号

中国著名水文景观
ZHONGGUO ZHUMING SHUIWEN JINGGUAN

出 版 人	孙建军
主　　编	徐 潜
副 主 编	张 克 崔博华
责任编辑	崔博华 董 芳
装帧设计	昌信图文
出版发行	吉林文史出版社有限责任公司（长春市人民大街4646号）
	www. jlws. com. cn
印　　刷	三河市燕春印务有限公司
版　　次	2014 年 2 月第 1 版　2021 年 3 月第 3 次印刷
开　　本	720mm×1000mm　1/16
印　　张	13
字　　数	250 千
书　　号	ISBN 978-7-5472-1555-5
定　　价	33.80 元

序　言

民族的复兴离不开文化的繁荣,文化的繁荣离不开对既有文化传统的继承和普及。这套《中国文化知识文库》就是基于对中国文化传统的继承和普及而策划的。我们想通过这套图书把具有悠久历史和灿烂辉煌的中国文化展示出来,让具有初中以上文化水平的读者能够全面深入地了解中国的历史和文化,为我们今天振兴民族文化,创新当代文明树立自信心和责任感。

其实,中国文化与世界其他各民族的文化一样,都是一个庞大而复杂的"综合体",是一种长期积淀的文明结晶。就像手心和手背一样,我们今天想要的和不想要的都交融在一起。我们想通过这套书,把那些文化中的闪光点凸现出来,为今天的社会主义精神文明建设提供有价值的营养。做好对传统文化的扬弃是每一个发展中的民族首先要正视的一个课题,我们希望这套文库能在这方面有所作为。

在这套以知识点为话题的图书中,我们力争做到图文并茂,介绍全面,语言通俗,雅俗共赏。让它可读、可赏、可藏、可赠。吉林文史出版社做书的准则是"使人崇高,使人聪明",这也是我们做这套书所遵循的。做得不足之处,也请读者批评指正。

编　者

2012 年 12 月

目 录

长　江

　　长江是自然的，也是人文的。从"巴东三峡巫峡长，猿鸣三声泪沾裳"到"无边落木萧萧下，不尽长江滚滚来"，"从大江东去，浪淘尽，千古风流人物"到"滚滚长江东逝水，浪花淘尽英雄"，万里长江不知目睹了多少王朝兴替，触动多少英雄情怀。长江孕育滋养了我们中华民族数千年的文明，见证了我们中华民族成长的沧桑历程，更代表了我们中华民族奋斗不止的精神。

一、江源之谜与流域全貌

(一) 流域全貌

长江是我国的第一大河，也是世界著名大河之一。长江干流自青藏高原蜿蜒东流，横贯青海、西藏、云南、四川、重庆、湖北、湖南、江西、安徽、江苏和上海等十一个省（市、自治区），流入东海，全长6 300千米，仅次于非洲的尼罗河（6 632千米）和南美洲的亚马逊河（6 400千米），为世界第三长河。长江流域水系发达，由数以千计的支流组成，有雅砻江、岷江、沱江、嘉陵江、乌江、湘江、汉江、赣江、青弋江、黄浦江等支流。它的支流南北延伸，分布到甘、陕、豫、黔、桂、粤、闽、浙等八个省、自治区的部分地区。流域面积180余万平方公里，约占全国总面积的五分之一。流域内大部分是山地和丘陵，平原较少。自发源地至宜昌为上游，宜昌至鄱阳湖口为中游，湖口至入海口为下游。

长江流域的地势，从长江河源至河口，整个说来为由西北向东南倾斜，形成巨大的三级台阶：第一级阶梯由青藏、川西高原和横断山高山峡谷区组成，一般海拔在3 500-5 000米；二级阶梯为秦巴山地、四川盆地和鄂黔山地，一般海拔在500-2 000米；三级阶梯由淮阳山地、江南丘陵和长江中下游平原组成，一般海拔在500米以下。这不同的河谷、如网的支流、多样的地形，便构成了长江流域多姿多彩的地貌。

由于长江流域幅员广阔，因而该流域的气候也非常复杂，分别属于青藏高寒区、西南热带季风区和华中亚热带季风气候区。亚热带季风气候区面积约占流域面积的三分之二。由于气候复杂，所以长江流域的降水量十分丰富，但也很不均匀。长江流域年平均降水量为1 100毫米，但地区分布很不均匀，有年降水量超过 2 000 毫米的多雨区，也有年降水量 200 余毫米的地区。流域的降水受季风影响，多集中在 5—10 月，总的趋势是自东南向西北递减。流域大部分地区的降水天数一年中有 150 天以上。

长江流域一直以来都是我国农业文明的发源地，农业资源占了很重要的位置。长江流域的耕地面积约占全国的 24.3%，而粮食产量占全国的 40%，其中水稻产量占全国的 70%，棉花产量占全国的 33% 以上。耕地 95% 分布在四川盆地和长江中下游地区。长江流域的林木蓄积量占全国的四分之一，主要分布在川西、滇北、鄂西、湘西和江西等地。用材林仅次于东北林区，经济林则居全国首位，以油桐、漆树、柑橘、竹林等最为显著。不仅如此，长江流域的野生动植物资源十分丰富，国家重点保护的野生动植物群落、物种和数量在我国七大流域中占首位。流域内已经建立了约一百处自然保护区，古老珍稀的植物有水杉、银杉、珙桐等，仅存的珍禽异兽像大熊猫、金丝猴、白鳍豚、扬子鳄、朱鹮等，多属长江流域特有。

在全国已探明的 130 种矿产中，长江沿岸就有 110 余种，占全国的 80%。各类矿产中占全国储量 80% 以上的就有钒、钛、汞、磷、萤石、芒硝、石棉等；占全国储量 50% 以上的有铜、钨、锑、铋、锰、高岭土、天然气等；流域内的煤炭储量少，占全国的 7.7%，主要集中在黔、川、滇三省，黔北六盘水煤炭储量居全国第三位。长江流域的工业带东起上海，西至攀枝花，长达 3 000 余公里，包括上海、江苏、浙江、安徽、江西、湖南、湖北、四川、重庆等省及直辖市。以长江为依托自东向西分布，有全国最大的沪宁杭综合性工业基地，以武汉为中心的钢铁、轻纺等工业基地，以宜昌和重庆为中心的电力、钢铁等工业基地，以贵州乌江渡水电站为中心的矿业基地以及以六盘水和攀枝花为中心的煤炭、钢铁工业基地。长江流域工业带的进一步发展，将带动整个长江流域甚至全国经济的发展。

长江流域幅员广大，历史悠久，景观纷呈，旅游资源可以说是冠绝全国。现在已经形成了"一线七区"的旅游

带：长江干流旅游区、长江三角洲旅游区、皖南名山风景区、赣北赣西旅游区、鄂西北陕南旅游区、湘西湘北旅游区、重庆四川旅游区、滇北黔北旅游区。长江上游的长江源、金沙江、都江堰、峨眉山、九寨沟、嘉陵江、丰都、长江三峡、滇池、大理、苍山洱海、丽江古城、黄果树瀑布、石林竹海等旅游景点早已闻名全国。长江中游的旅游资源有葛州坝水电站、武汉长江大桥、武当山、神农架、武陵源、张家界、衡山、庐山、井冈山、文武赤壁、鄱阳湖、洞庭湖以及江南三大名楼等。长江下游的太湖、南京长江大桥、中山陵、瘦西湖、苏州园林、西湖、绍兴水乡、上海外滩、黄浦江、东方明珠塔等也是名闻遐迩。

　　"说长江，道长江"就一定离不开长江的"水"。长江水资源十分丰富，近10 000亿立方米，居全国七大江河之冠，流域内人均水资源2 850立方米，远高于全国平均水平。长江流域的水能资源理论上储量达2.68亿千瓦，可开发量1.97亿千瓦，年发电量约10 000亿度，占全国的53.4%。水能资源主要分布在长江上游的金沙江、雅砻江、大渡河、岷江、乌江、长江三峡段以及长江中游的清江、沅江、汉水、赣江上。长江水系有通航河道3 600余条，通航总里程5.7万余千米，占全国内河通航总里程的52.6%，其中1 000吨级以上航道3 042千米。宜宾新市镇以下2 900多千米可全年通航，重庆以下可通行1 500吨级船舶，宜昌以下可通行3 000吨级船舶，汉口以下可通行5 000吨级船舶，南京以下可通行万吨级海轮。长江支流航道与京杭运河共同组成我国最大的内河水运网，干支流水运中心为重庆、武汉、长沙、南昌、芜湖和上海等六大港口，长江水系通航里程居世界之首。长江流域湖泊众多，河川如网，鱼类的品种、产量均居全国首位，占全国产量的60%以上。现有水面约1.3亿亩，接近全国淡水总面积的一半，其中可供养殖的约5 000万亩。长江水系淡水鱼已知274种，为全国淡水鱼种的39%，主要经济鱼类60多种，产区主要在中下游水域，目前渔业以淡水人工养殖为主，天然捕捞量不高。

（二）古往今来话江源

其实，我们的古人很早就对长江有记载，一般称"江"，与"河"对称。《诗经·周南·汉广》中有记载"江山永矣，不可方思"，汉代司马相如《子虚赋》中有"缘以大江，限以巫山"之称。一般认为最早在三国时期才开始称"长江"，首见于《三国志》的记载，以后长江之说就逐渐普遍。不过在不同的历史时期，不同地区的人对本地区的长江段落有许多地区性的称法，如称金沙江为若水、绳水、泸水，称金沙江下游为马湖江，称宜宾到宜昌间为川江。长江进入江汉平原后，长江枝城至城陵矶段又称荆江，在今江西九江一带又称浔阳江，在安徽一带又称楚江，而在江苏仪征、扬州一带又有扬子江之称，后来被外国人借指整个长江。

但是我们的古人相当长的时间内对长江的客观真相并不是很清楚。"我住长江头，君住长江尾"，这是北宋词人李之仪的浪漫描写，表达了他的相思之情。但是，长江源头，这位宋代词人显然是没有去过。几千年来，我国有不少志士仁人对长江源头进行过探索、考察，真正解决这个问题，还是近几十年的事。

我国古代最早认为岷山是长江的发源地。大约成书于战国时代的《尚书·禹贡》已经有"岷山导江"的记载，意思是大禹治水时，对长江流域的治理，是从岷山开始，也有长江发源于岷山的意思。同时代的《荀子·子道篇》则直言"江出于岷山"。成书于春秋末年至汉代初年的《山海经》则说："岷江，江水出焉，东北流，注于海。"这个认识明显与当时人们的活动范围有关，但也确实不容易了。

两汉时，人们已经知道了金沙江。西汉武帝时，通西南夷，中原王朝的势力范围达到今天四川南部和云南、贵州一带，并建立了一批郡县，对西南地区的地理知识增加了。据《汉书·地理志》记载，越嶲郡遂久县（治

所在今云南宁蒗彝族自治县境）有绳水，发源于边境之外，东至僰道县（今四川宜宾市）汇入长江。这条绳水，就是今天长江的上源——金沙江。由于受到当时认知水平、测量条件诸多因素的限制，还不能正确认识金沙江就是长江的上游，观念上又囿于《尚书》是圣人经典，不容置疑。因此，当时仍然认为长江的上游是岷江。北魏郦道元在著名的《水经注》中，仍把绳水当成是岷江的一条支流。

唐朝时，人们对江源的认识又有进步。唐朝文成公主入藏，增加了汉、藏民族间的来往。由于入藏通道要经过通天河流域，当时人们对金沙江的认识已经到达其上源。樊绰《蛮书》卷二已经记载有犁牛河（今金沙江上游通天河）接纳众河，分别称磨些江、泸水、马湖江等河流而注入戎州（今宜宾）。他们对这些河流走向的分析，与今天的金沙江流域的地理状况基本相符。因此，《蛮书》首次正确、完整地记载了金沙江流域。此后，人们对江源的认识又趋于停滞。

明朝末年，著名地理学家徐霞客通过对云南的实地考察，写成《江源考》（一名《溯江纪源》）一文，明确提出"推江源者，必当以金沙江为首"，主张金沙江是长江的正源。他首先提出了对江源的疑问：为什么江源短、河源长，难道是黄河流量数倍于长江吗？而事实上是长江流量比黄河大，因此，江源肯定要比河源长。为什么会产生这种认识上的错误呢？是因为金沙江流域是少数民族居住地区，加上地形复杂，水势汹涌，人们无论是走陆路还是水路，都很难溯江而上，只能将了解较为详细的岷江作为长江上游。徐霞客对云南山川的实地考察，最远可能到达丽江的石鼓。他认为金沙江从上源起，经过丽江、乌蒙，到四川叙州（今宜宾）止，共长两千多里，而岷江从上源经成都至叙州，全长只有一千多里。因此，不是金沙江在叙州汇入岷江，而是岷江在叙州汇入金沙江。由于受固有传统思想的束缚，徐霞客的真知灼见并没有得到此后学术界的认同，反而不断受到抨击。《读史方舆纪要》《禹贡锥指》等许多学术著作仍将岷江作为江源。

清朝康熙年间，为了编制精确的全国地图，开展了一次全国性的测量。测量人员的足迹到达了包括江源在内的青藏地区，对江源的认识又前进了一步。测量人员在 1720 年到达江源地区时，看到的是"江源如帚，分散基阔"，不知道哪一条是长江的真正源头。根据这次测量成果编制的《皇舆全览图》，在金沙江上源标为"木鲁乌苏河"。"木鲁乌苏河"为蒙语"冰河"之意。从图上的位置比较，木鲁乌苏河相当于今天的布曲。杨椿在看了新编的《黄舆全图》后便指出"言江源者当以金沙江为主"，而清代史学家李绂也认为"以源之远论，当主金沙江……若岷江则断断不得指为江源也"。到了乾隆二十六年（1761 年），地理学家齐召南在所著的《水道提纲》一书的《江道论》一文中，虽然还保留着"大江源出岷山"的说法，同时又认为金沙江"为大江上源无疑也"，"金沙江即古丽水，亦曰绳水，亦曰犁牛河，番名木鲁乌苏，岷江最上源也。出西藏卫地之巴萨通拉木山东麓"。巴萨通拉木山一作当拉岭。"当拉"即"唐古拉"的同音异义。齐召南还进一步指出金沙江有三条源流，均发源于巴萨通拉木山：一条是出自该山的正源木鲁乌苏河（今布曲）；一条是出自山西面的喀齐乌兰穆伦河（今尕尔曲）；一条是出自山东面的拜都河（今冬曲）。

新中国成立后，关于江源的认识倾向于有南北两源：北源为发源于可可西里山东麓的楚玛尔河，南源为发源于祖尔肯乌拉山北麓的木鲁乌苏河，两源相汇后称通天河。1976 年夏天对江源地区的科学考察揭开了万里长江真正源头之谜。由长江流域规划办公室组织的江源调查队，深入江源地区，考察了通天河上游的扇形河网，对江源五条大河逐一进行测量、比较：论长度，沱沱河最长，当曲其次；论水量，当曲最大，沱沱河第二。由于沱沱河流向基本与通天河相同，而当曲则呈倒转形势，弯向东南，根据河流长度并结合水量、流向一致性考虑，沱沱河是长江正源，其他均为支流。1978 年 1 月 13 日，新华社据此向世界公布：长江的源头是位于唐古拉山主峰各拉丹东雪山西南侧的沱沱河。为此，我们走过了两千多年的探索历程。

二、长江流域的千古胜迹

（一）金沙江

长江江源水系汇成通天河后，到青海玉树县境进入横断山区，开始称为金沙江。流经云南高原西北部、川西南山地，到四川盆地西南部的宜宾接纳岷江为止，全长 2 316 千米，流域面积 34 万平方千米，与之相邻的是怒江、澜沧江，相互之间距离最近处仅 70 多千米，三条江平行南流，形成著名的三江并流景观地区。由于流经山高谷深的横断山区，水流湍急，向东南奔腾直下，至云南省丽江纳西族自治县石鼓附近突然转向东北，形成著名的虎跳峡，两岸山岭与江面高差达 2 500~3 000 米，是世界最深峡谷之一。金沙江落差 3 300 米，水力资源一亿多瓦，占长江水力资源的 40%以上。流域内矿物资源丰富，但流急坎陡，江势惊险，航运困难。由于河床陡峻，流水侵蚀力强，金沙江是长江干流宜昌站泥沙的主要来源。

金沙江是我国第一大河长江的上游，早在两千多年前的战国时期成书的《禹贡》中将其称为黑水，随后的《山海经》中称之为绳水，东汉许慎的《说文解字》及《汉书·地理志》中将今雅砻江以上部分称为淹水，而以若水（雅砻江）为干流。三国时期，称为泸水，诸葛武侯"五月渡泸，深入不毛"。北魏郦道元在《水经注》中首次对金沙江水系做了详细描述，但未能言明金沙江与长江干流的关系。除此以外，金沙江还有丽水、马湖江、神川等名称。沿河盛产沙金，"黄金生于丽水，白银出自朱提"。宋代因为河中出现大量淘金人而改称金沙江。

在漫长的历史上，金沙江及其支流雅砻江、安宁河处于学术界称的"横断山民族大走廊"上，是氐羌系统民族南下的一个重要河谷。今天，两岸居住有

中国著名水文景观

藏族、彝族、纳西族、白族、苗族等众多的民族，可以说金沙江流域是中华文明的一个重要发源地区，彝族的太阳历、二进制、向天坟等都是这种文化的代表。

丽江是金沙江上的一个人类文化与自然遗产有机结合的城镇，城市附近石鼓的万里长江第一湾展示了自然的冲击力量，而高达5 000多米的哈巴雪山、玉龙雪山则体现自然地貌的错落与跌宕。纳西文化的气息将这个城市演绎得既有中原文化的气韵，更有高原大江的少数民族风味。作为一个历史文化名城中没有城墙的城市，更显现了少数民族文化与中原传统文化的交融，凸现出现代城镇的开放。作为中国世界文化遗产，丽江古城不仅是一个少数民族文化古代城镇胜迹，也传承了中原古文化的遗韵，其文化遗产的价值更大。今天丽江成为中国著名的旅游城镇，但在历史上这座城市留给我们更多的是风烟战火和马帮铃声，这可从丽江附近的众多胜迹中看到这种历史的沉淀。丽江塔城的神川铁桥遗迹，是唐代南诏与吐蕃交通征战的重要桥梁，也是云南、西藏间茶马古道的一个重要关津。巨甸的巨津古道则是这条茶马古道上的重要渡口，石鼓附近的石门关则是明清时期的一个重要军事要地，曾设石门关巡检司。丽江曾是忽必烈南征大理时西路军入云南的重要渡口，也许历史上的所谓"元跨革囊"就是在这里演绎的。在丽江石鼓镇，我们能看到明代丽江土司木高在这里大破吐蕃后所立的石鼓碑碣。传说这块碑碣为诸葛亮所立，这与西南地区普遍存在的孔明信仰有关。

金沙江丽江以下流域重要的人文胜迹，要算云南宁蒗县泸沽湖的母系氏族走婚遗俗，湖边的摩梭人流行以母系为中心的阿注婚，不娶不嫁，自由交往，特别引人注目。而泸沽湖为四川三大自然湖泊之一，面积50多平方公里，没受任何污染，四周风光旖旎，空气清新，乘上摩梭女划的猪槽船，会感受到与现实隔绝的宁静和回归传统的自由纯真。环境的封闭是保留母系氏族婚姻形态的一个重要原因，但随着与外界交往的增多，阿注婚已经开始向阿注同居婚、成家婚

发展。

金沙江下游的宜宾号称万里长江第一城，历史可谓悠久，先秦时为僰侯国，秦汉设立僰道。宜宾历代又有戎州、叙州、叙州府等称法。宜宾是下川南一个重要城镇，在历史上为川南、滇东北各民族的一个物资集散地，故这座城市"夷夏"之风相兼。这一点在范成大《吴船录》中多有记载。明清时期，由于张献忠等一系列战乱的影响，四川人口耗损严重，川南地区相对损耗小些，保留的四川中古传统更多一些，故我们往往称川南为"老四川"，宜宾城的风情正是在这种背景下形成的。游人如果想了解四川的风情，请到宜宾去。今天，川南宜宾仍有许多传统文化，如川南山歌、黄粑、猪儿粑、糟蛋、白酒、燃面等，其中白酒五粮液名声最大，故宜宾又有酒城的美名。

(二) 虎跳峡

传说那时候丽江统治者——木老爷富极一时，身边有不少能人才子，其中有一个特别擅长算命。一天，他替木老爷算了算，说木老爷生时大富大贵，但是死后却无棺材可用。木老爷大惊，从此在他所要经过的任何地方，每隔十里地就放置一口棺材以和命运作抗争。一天，天气极好，木老爷心情极佳，于是骑着自己的坐骑——一头老虎，沿金沙江边走去。江水汹涌澎湃，江岸风景如画。人虎到了一个较狭窄的地段，老虎纵身一跃，往江中间的一块大石头上跳去。老虎着落了，人却没有和虎同时着落，而是早已掉入了滚滚江水之中。时间早已流逝，木老爷和他的老虎早已不知去向，但是却为后人留下了虎跳峡、虎跳石这些充满想象的名字。

还有一个美丽的传说，说金沙江、怒江、澜沧江和玉龙山、哈巴山，原是五兄妹。三姐妹长大了，相约外出择婿，父母又急又气，要玉龙、哈巴去追赶。玉龙带着十三把剑，哈巴挎着十二张弓，抄小路来到丽江，面对面坐着轮流守候，并约定谁放过三姐妹，就要被砍头。轮到哈巴看守时，玉龙刚睡着，金沙姑娘就来了。去路被两个哥哥挡住了，怎么办呢？聪明的金沙姑娘想起了哈巴有爱打瞌睡的毛病，便边走边唱，一连唱了十八支歌。婉转动人的歌声果然使哈巴听得入了迷，渐渐睡着了。金沙姑娘瞅准这一机会，终于从两个哥哥的脚边猛冲过去，大声欢笑着飞奔而去。现在虎跳峡中的十八个陡坎，就是金沙姑娘唱的十八首歌。玉龙醒来见此情景，又气又悲，气的是金沙姑娘已经走远，悲的是哈巴兄弟要被砍头。他不能违反约法，抽出长剑砍下了哈巴的头，随即转过背去痛哭，两股泪水化成了白水和黑水，哈巴的十二张弓变成了虎跳峡西岸的二十四道弯，哈巴的头落在江中变成了虎跳石。

　　虎跳峡是世界四大峡谷之一，也是世界上落差最大的峡谷，是中国最深的峡谷之一，在云南省丽江纳西族自治县石鼓东北。虎跳峡在当地纳西族居民中有几个称呼，一种为"无鲁阿仓过"，"无鲁"意为雪山，"阿仓"意为地名，"过"意为深巷、窄巷；另一种叫"里斯里美公弓谷"，意思是用手能递送弩箭的峡谷；还有一种叫"阿仓老丛老洛弓"，意为阿仓猎人追着老虎跳过的峡谷。长江上游金沙江到此急转北流，从哈巴山和玉龙雪山之间的夹缝中硬挤了过去，形成了世界上最壮观的大峡谷，号称长江第一湾。峡谷长16千米，右岸玉龙雪山主峰海拔5 596米，左岸中甸雪山海拔5 396米，中间江流宽仅30~60米。峡谷中最窄的地方就是著名的虎跳峡景观，相传老虎可以蹬踩江中的一块巨石，跳过金沙江。虎跳峡的上峡口海拔1 800米，下峡口海拔1 630米，虎跳峡南岸为玉龙雪山，临峡一侧山体陡峭，几乎是绝壁，无路可寻；北岸为哈巴雪山，临峡一侧山坡稍缓，这一侧有一条简易的碎石公路，贯通全峡，公路上方还有一条步行小路。两岸山岭和江面相差2 500~3 000米，谷坡陡峭，蔚为壮观。江流在峡内连续下跌七个陡坎，落差170米，水势汹涌，声闻数里，为世界上最深的大峡谷之一。旧时曾因山崩截断江流，至今尚有崩积物遗留。

　　虎跳峡距离丽江纳西族自治县县城60千米，这条峡

谷在金沙江上游，全长 18 千米，分上虎跳、中虎跳、下虎跳三段，迂回道路 25 千米，东面为玉龙雪山，西面为迪庆的哈巴雪山，峡谷垂直高差 3 790 米，是世界上最深的峡谷之一。江流最窄处，仅三十余米。峡内礁石林立，有险滩 21 处，高达十来米的跌坎 7 处，瀑布 10 条。

上虎跳是峡谷中最窄的一段，离公路边的虎跳峡镇 9 千米，其江心雄踞一块巨石，横卧中流，如一道跌瀑高坎陡立眼前，把激流一分为二，惊涛震天。传说曾有一猛虎借江心这块巨石，从玉龙雪山一侧，一跃而跳到哈巴雪山，故此石取名虎跳石。中虎跳离上虎跳 5 千米，江面落差甚大，"满天星"礁石区是这里最险的地方。百米峡谷中，礁石林立，水流湍急，惊涛拍岸。从中虎跳过险境"滑石板"，即到下虎跳。下虎跳有纵深 1 千米的巨大深壑，这里接近虎跳峡的出口处，是欣赏虎跳峡最好的地方。

清代雍乾之际的云南诗人孙髯翁，在《金沙江》一诗中写道：劈开蓄城斧无痕，流出犁牛向丽奔。一线中分天作堑，两山夹斗石为门。"虎跳峡天下险"，但这个"险"中却蕴藏着夺人心魄的壮美，正是这种"险"，吸引着国内外无数游客到此寻幽探险。

（三）都江堰

都江堰不仅是举世闻名的中国古代水利工程，也是著名的风景名胜区。1982 年，都江堰作为四川青城山——都江堰风景名胜区的重要组成部分，被国务院批准列入第一批国家级风景名胜区名单。2007 年 5 月 8 日，成都市青城山——都江堰旅游景区经国家旅游局正式批准，成为国家 5A 级旅游景区。

都江堰水利工程以历史悠久、规模宏大、布局合理、运行科学、与环境和谐结合，在历史和科学方面具有突出的普遍价值，2000 年联合国世界遗产委员会第 24 届大会上都江堰被确定为世界文化遗产。

在秦蜀郡太守李冰建堰初期，都江堰名称叫"湔堋"，这是因为都江堰旁的玉垒山，秦汉以前叫"湔山"，而那时都江堰周围的主要居住民族是氐、羌人，他们把堰叫作"堋"，都江堰就叫"湔堋"。三国蜀汉时期，都江堰地区设置都安县，因县得名，都江堰称"都安堰"。同时，又叫"金堤"，这是突出鱼嘴分水堤的作用，用堤代堰作名称。唐代，都江堰改称为"楗尾堰"。因为当时用以筑堤的材料和办法，主要是"破竹为笼，圆径三尺，以石实中，累而壅水"，即用竹笼装石，称为"楗尾"。直到宋代，在宋史中，才第一次提到都江堰："永康军岁治都江堰，笼石蛇决江遏水，以灌数郡田。"

为什么称之为都江堰，都江又是哪条江呢？《蜀水考》说："府河，一名成都江，有二源，即郫江，流江也。"流江是检江的另一种称呼，成都平原上的府河即郫江，南河即检江，它们的上游，就是都江堰内江分流的柏条河和走马河。《括地志》说："都江即成都江。"从宋代开始，把整个都江堰水利系统工程概括起来，叫都江堰，才较为准确地代表了整个水利工程系统，一直沿用至今。

都江堰水利工程位于呈扇形伸展的成都平原的顶部，海拔739米，是都江堰灌区的高点，地理位置良好。由"鱼嘴"分水堤、"飞沙堰"溢洪道和"宝瓶口"引水口三项主要工程以及成千上万条灌溉渠道和分堰组成，经过两千多年来的不断扩建和维修，才形成现在的规模。它的主要设施，沿江自上而下有百丈堤、分水鱼嘴、金刚堤、飞沙堰、人字堤和宝瓶口，其中分水鱼嘴、金刚堤、宝瓶口起分水作用，飞沙堰、人字堤则是溢流工程。分水鱼嘴是修筑在岷江河床中心的分水堰，形似卧伏江中的大鱼之嘴，故名。又因它是都江堰的起点，因此也叫都江鱼嘴。鱼嘴下端两侧分别是内、外金刚堤。在鱼嘴和内、外金刚堤的引流下，岷江干流被一分为二，西侧为外江，是岷江的正流，是泄洪河道；东侧为内江，是灌溉河道。内江之水在金刚堤的分水作用下，被引入地势较高的宝瓶口。宝瓶口的左面是玉垒山，右面是离堆，李冰凿离堆，就

是开宝瓶口。口宽约 20 米，形似瓶口颈，故名。宝瓶口在内岸岩石上刻有水则，观测内江水位。在分水鱼嘴的上游处，有一个天然江心洲韩家坝，每当枯水季节，韩家坝露出水面，岷江江流在韩家坝和分水鱼嘴的控制下，被调向左岸进入内江，形成枯水季节内江分六成、外江分四成的天然倒四六分流。大水时，韩家坝被淹没，主流取直，径直流向外江，形成洪水季节内江分四成、外江分六成的形势。当水量太大时，飞沙堰、人字堤等溢流工程开始发挥作用。飞沙堰，唐代叫侍郎堰，位于内金刚堤的下端，今堰长约 270 米。堰的高度可根据内江用水量的多少决定，当宝瓶口水位超过需要的高度时，堰顶开始向外江溢流。人字堤在宝瓶口右侧的江心，上接飞沙堰。当内江出现更高的洪水位时，堤顶也向外江溢流。

都江堰区分内江、外江两个部分。内江水系有走马河、柏条河、蒲阳河三条主干渠，外江水系有沙黑河等六条干渠，内江灌区略大于外江灌区，历史上浇灌着成都平原 300 万亩农田。1949 年后，随着灌溉渠道的扩展，把岷江水从平原引入了龙泉山下的丘陵地带。目前，它已被建造成现代化的永久性工程，灌溉面积扩大到近三十个市县的 800 万亩良田。两千二百多年来，都江堰仍然发挥着巨大效益。李冰治水，功在当代，利在千秋，不愧为文明世界的伟大杰作，造福人民的伟大水利工程。

都江堰市区除了都江堰工程外，还有二王庙、伏龙观、安澜索桥等名胜古迹。

（四）长江三峡

长江三峡西起重庆市的奉节县，东至湖北省的宜昌市，自西向东主要有三个大的峡谷地段：瞿塘峡、巫峡和西陵峡，三峡因而得名。三峡是由于这一地区地壳不断上升，长江水强烈下切而形成的，水力资源极为丰富。

自白帝城至黛溪称瞿塘峡，巫山至巴东官渡口称巫峡，秭归的香溪至南津关称西陵峡。两岸山峰海拔 1 000—1 500 米，峭崖壁立，江面紧束，最窄处长江三峡的入口夔门只有 100 米左右。水道曲折多险滩，舟行峡中，有"石出疑无路，云升别有天"的境界。长江三峡，是中国十大风景名胜之一，位于中国四十佳旅游景观之首，是长江上最为奇秀壮丽的山水画廊，全长 192 千米，也就是常说的"大三峡"。除此之外还有大宁河的"小三峡"和马渡河的"小小三峡"。这里两岸高峰夹峙，港面狭窄曲折，港中滩礁棋布，水流汹涌湍急。"万山磅礴水洸涨，山环水抱争萦纤。时则岸山壁立如着斧，相间似欲两相扶。时则危崖屹立水中堵，港流阻塞路疑无。"郭沫若同志在《蜀道奇》一诗中，把峡区风光的雄奇秀逸描绘得淋漓尽致。三峡两岸崇山峻岭，悬崖绝壁，风光奇绝，两岸陡峭连绵的山峰，一般高出江面 700-800 米左右。江面最狭处有 100 米左右。随着规模巨大的三峡工程的兴建，这里更成了世界知名的旅游热线。三峡旅游区优美景区众多，其中最著名的有丰都鬼城、忠县石宝寨、云阳张飞庙、瞿塘峡、巫峡、西陵峡、宏伟的三峡工程、大宁河小三峡等。长江三峡，无限风光。瞿塘峡的雄伟，巫峡的秀丽，西陵峡的险峻，还有三段峡谷中的大宁河、香溪、神农溪的神奇与古朴，使这驰名世界的山水画廊气象万千——这里的群峰，重岩叠嶂，峭壁对峙，烟笼雾锁；这里的江水，汹涌奔腾，惊涛拍岸，百折不回；这里的奇石，嶙峋峥嵘，千姿百态，似人若物；这里的溶洞，奇形怪状，空旷深邃，神秘莫测……三峡的一山一水，一景一物，无不如诗如画，并伴随着许多美丽的神话和动人的传说，令人心驰神往。

长江三峡，地灵人杰。这里是中国古文化的发源地之一，著名的大溪文化，在历史的长河中闪耀着奇光异彩；这里，孕育了中国伟大的爱国诗人屈原和千古名女王昭君；青山碧水，曾留下李白、白居易、刘禹锡、范成大、欧阳修、苏轼、陆游等诗圣文豪的足迹，留下了许多千古传颂的诗章；大峡深谷，曾是三国古战场，是无数英雄豪杰驰骋用武之地；这里还有许多著名的名胜古迹，白帝城、黄陵庙、南津关……它们同这里的山水风光交相辉

长江

映，名扬四海。

三峡是渝鄂两省市人民生活的地方，主要居住着汉族和土家族，他们都有许多独特的风俗和习惯。每年农历五月初五的龙舟赛，是楚乡人民为表达对屈原的崇敬而举行的一种祭祀活动。还有那巴东的背篓世界、土家人的独特婚俗、被称为鱼类之冠的神态威武的国宝——中华鲟。1982年，三峡以其举世闻名的秀丽风光和丰富多彩的人文景观，被国务院批准列入第一批国家级风景名胜区名单。

三峡的神奇就在于四个字：雄、险、奇、幽。这里，无峰不雄、无滩不险、无洞不奇、无壑不幽。瞿塘峡山势雄峻，上悬下陡，如斧削而成，其中夔门山势尤为雄奇，堪称天下雄关，因而有"夔门天下雄"之称。"众水会涪万，瞿塘争一门"，江水至此，水急涛吼，蔚为大观。清代诗人何明礼有一首诗写得至为贴切："夔门通一线，怪石插流横。峰与天关接，舟从地窟行。"巫峡幽深奇秀，两岸峰峦挺秀，山色如黛；古树青藤，繁生于岩间；飞瀑泫泉，悬泻于峭壁。峡中九曲回肠，船行其间，颇有"曲水通幽"之感。巫峡最享盛名的是巫山十二峰，其中，又以神女峰最富魅力，她耸立江边，宛若一幅浓淡相宜的山水国画。有唐代诗人元稹之诗为证："曾经沧海难为水，除却巫山不是云。"西陵峡滩多水急，其中的泄滩、青滩、崆岭滩，为著名的三大险滩。

在瞿塘峡北岸一处黄褐色悬崖上，有几个竖立的洞穴，约宽半米，从前里面置有长方形的东西，从远处看去，形状像风箱，所以被称为风箱峡。那些风箱是战国时代遗留的悬棺，共发现九副，棺中有青铜剑和人骨，现在悬棺已坠毁，洞穴仍存。南岸粉壁崖上多古人题咏石刻，篆隶楷行，造诣各殊，刻艺精湛。古栈道遗迹是岩壁上依次排列的无数石孔，石孔一般距水面三十米左右，深约一尺，孔距在四至六尺之间，多数地段为上下两排。古时，在石孔上插入根六寸木棍，然后在木棍之间铺上木板，这就是大宁河的栈道，人们就在木板上行走并运送物资。对游人来说，悬棺和栈道都带有神奇色彩，游人可以充分发挥自己的想象，对"栈道之迷"作出解释。

历经十年建设，举世瞩目的三峡工程已按照既定方案，于2003年6月1日下闸蓄水了。遵循"一级开发，一次建成，分期蓄水，连续移民"的建设方略，三峡工程逐渐全部建成，实现"高峡出平湖"。

（五）文武赤壁

我国有文、武二赤壁，文赤壁为东坡赤壁，武赤壁为周郎赤壁。文武赤壁都在长江沿岸。

东坡赤壁原名赤鼻，亦称赤鼻矶，位于古黄州（今湖北省黄冈县）城西门外，故又称为黄州赤壁。因其崖石屹立如壁，且呈赤色，也称为赤壁。唐代前后这里就是游览胜地，历代文人墨客到此游览者甚多，并留下了大量题赋、诗文和碑刻，故此赤壁被称为"文"赤壁。北宋时期著名的文学家苏东坡被贬黄州时，常到此地游览，写下了千古传诵的《赤壁赋》《后赤壁赋》《念奴娇·赤壁怀古》等名作，该赤壁从此出名。为与三国时"赤壁之战"的赤壁相区别，清代康熙年间重修该赤壁时定名为"东坡赤壁"。

东坡赤壁的建筑始于唐前，数毁数建，后又经1868年、1922年、1925年重建、改建，才具今日之规模。1950年后又经修缮，现有一堂（二赋堂）、一峰（剪刀峰）、二楼（挹爽楼、栖霞楼）、二阁（留仙阁、春风阁）、五亭（坡仙亭、醉江亭、睡仙亭、放龟亭、问鹤亭）等瑰丽典雅的建筑物，掩映在绿树红墙间。挹爽楼四壁嵌有清代光绪年间由著名学者杨守敬所选刻的《景苏园帖》，计有石刻102方，为苏书各体中的精品。在其他的亭堂之中也多嵌有历代文人所书写的木刻、石碑等。昔日的赤壁矶，江水流经矶头，"乱石穿空，惊涛拍岸，卷起千堆雪"。今日，崖壁上仍然留有当年浪冲、篙点的痕迹。

而周郎赤壁即三国时期著名的赤壁之战的遗址。该赤壁古名石头关，位于湖北省蒲圻市城区西北 36 千米处的长江南岸，隔江与洪湖市的乌林镇相望。相传东汉建安十三年（208年），孙权、刘备联军在此运用火攻战术，大破曹操军队，时火光冲天，照得江岸崖壁一片通红，"赤壁"遂得名（关于赤壁之战的地址尚无定论，除上述说法外，目前还有该战发生在武汉市江夏区金口镇长江岸边赤壁、武汉市蔡甸区汉水岸边赤壁、湖北省汉川市汉水岸边赤壁以及湖北省钟祥市汉水岸边赤壁等多种说法）。因此赤壁是孙、刘联军大破曹军之处，故有"武"赤壁之称。

此处有赤壁、南屏、金鸾三山，起伏毗连，苍翠如绘。摩崖石刻、拜风台、凤雏庵、翼江亭等文物和建筑隐现其间。赤壁山西南部嶙峋临江，斜亘百丈，涨水之时，激浪飞溅，噌吰雷鸣，气势磅礴，为历代名人攀登凭吊、唱咏抒怀之处，现新建有层台、阁亭等建筑。赤壁摩崖主要在赤壁矶头的石壁上，刻有各种文字、印记、诗赋和画像等，仅榜刻"赤壁"二字的题榜即有四处之多。其中字体最大的"赤壁"题榜，气势雄浑，笔力苍劲，传为周瑜所题。近旁有诸葛亮、刘备、关羽、张飞等人的画像。拜风台又名武侯宫，位于南屏山顶，相传为诸葛亮在赤壁之战前祭东风所造的七星坛遗迹。后人在此筑台建宫，以资纪念。现存建筑物系 1935 年重建。20 世纪 90 年代初，在赤壁旁建了一座"赤壁大战纪念馆"，馆外型似一古代战船，船头旗帜飞舞，馆内有三国人物蜡像列阵，再现了当年战况。此外，赤壁周围还有其他有关景点：凤雏庵位于金鸾山腰，相传三国时名人庞统隐居于此，现存殿宇数间，系清代重建，庵址四周古树参差、百鸟飞鸣、幽深雅丽、别具情趣。翼江亭位于赤壁山头，系近代建筑，相传为当年周瑜破曹军时的哨所。

（六）三大名楼

湖北武汉市的黄鹤楼、江西南昌市的滕王阁、湖南岳阳市的岳阳楼被人们称为"江南三大名楼"，其中又以黄鹤楼为三大名楼之首。

1. 滕王阁

位于南昌市区沿江北路，西邻赣江。唐高宗显庆四年（659年），太宗李世民之弟李元婴任洪州（今南昌）都督时，在州城西面城墙上所建。当阁建成时，封李元婴为滕王的皇命也刚好传到，故名滕王阁。滕王阁初建时，同时筑有南北二亭，南曰压江，北曰挹秀，宋末毁坏。在一千三百多年间，屡毁屡兴达28次。据记载，滕王阁规模最大时，高九丈，共三层，东西长八丈六尺，南北宽四丈五尺。元末至正二十二年（1362年），朱元璋战胜陈友谅后，在滕王阁上设宴，下令将陈友谅所蓄之鹿放生西山。此后再次毁坏，正统初年重建，并建迎恩堂。1926年被北洋军阀邓如琢毁坏，仅存一块"滕王阁"青石匾。现在的滕王阁，重新建成于1989年重阳节。

滕王阁因王勃《滕王阁序》而名垂千古。滕王阁建成后，又一年的九月九日重阳，洪州都督阎伯屿在此大宴宾客、僚属。这一天，王勃恰好路过，也应邀出席。阎伯屿的女婿吴子章善写文章，就在前一天晚上思考了一夜，打了腹稿，准备到时好好露一手。酒宴之后，阎都督命人取出纸笔，邀请在座的宾客为滕王阁写作序文，那些宾朋僚属早已猜到阎都督的意图，故意互相谦让，推辞不写。轮到王勃时，这位6岁时已出名、年纪很轻的客人毫不客气，欣然命笔。阎都督见状，心里十分不满，借口更衣，离座拂袖而去，暗中命令手下办事人员，将王勃所作文章一句一句不断传报。当手下传来王勃写的前面几句时，阎都督想不过如此。当得知王勃写出"落霞与孤鹜齐飞，秋水共长天一色"时，阎都督脸色一变，不仅称赞道："此天才也！"他的女婿见此情形，暗暗退出。王勃作序后，又有王仲舒作记，王绪作赋，历史上称为"三王文章"。从此，序以阁而闻名，阁以序而著称。后又经韩愈等人题咏，成为江南三大名楼之一。

现在重新修复的滕王阁整体布局已发生巨大的变化，它在南昌城西形成了一片规模宏大、配套设施齐全的仿古建筑群落。从东面榕门路口进入，是一座高大的四柱七楼宋式彩绘大牌楼。往里50米，

穿过一排碧瓦丹柱的仿古店铺，便进入了滕王阁园区，宽阔的阁前广场衬托着一座巍巍崇阔的滕王阁。这是根据建筑大师梁思成1942年所绘草图，并参照"天籁阁"所藏宋画《滕王阁》建筑而成。滕王阁主体建筑九层，净高57.5米，建筑面积1.5万平方米。下部是象征古城墙的约十一米高的大台座，台座之上取"明三暗七"格式，其两翼为对称的一级高台。主体建筑丹柱碧瓦，画栋飞檐，斗拱层叠，门窗剔透。贴金的"滕王阁"正匾是苏轼的墨迹，正门不锈钢长联"落霞与孤鹜齐飞，秋水共长天一色"为毛泽东手书。其余匾额、楹联，或集古人书法精华，或为当今名家珍品，各类大型壁画、浮雕，均体现"物华天宝""人杰地灵"的主题。

2. 黄鹤楼

今天我们看到的黄鹤楼，是1984年武汉市人民政府在黄鹤楼最后一次被烧毁（清光绪十年黄鹤楼因附近民房失火殃及而被毁掉）的一百周年之际重新修建的。它是一座钢筋混凝土仿木结构的建筑，高51米，仅次于滕王阁，明面上看为五层，实际上还有五个夹层，共为十层。因修建武汉长江大桥而从原来的黄鹄矶移到了蛇山的高观山上。黄鹤楼是现代武汉市的标志和象征。

黄鹤楼始建于三国时期东吴夺回荆州之后（223年）。最初建楼的目的是东吴为了防御蜀汉刘备的来犯，作为观察瞭望之用。历史上对于黄鹤楼有很多有趣的传说，其中流传最广的是，有一个姓辛的人家，在黄鹄矶上开了一个小酒馆，他心地善良，生意做得很好。一次酒家热情地招待了一个身着褴褛道袍的道士，并分文不收，而且一连几天都是如此。一天道士酒后用橘子皮在墙上画了一只黄鹤，而后两手一拍，墙上的黄鹤竟跳到桌旁翩翩起舞。道士对这个姓辛的酒家说，画只黄鹤替你们招揽生意，以报酒家的款待之情。从此以后，来此饮酒观鹤的人越来越多，一连十年酒店生意兴隆，顾客盈门。酒家也因此一天天地富裕起来。酒家为了感谢道士，用十年来赚下的银两在黄鹄矶上修建了一座楼阁，起初人们称之为"辛氏楼"。后来，为了纪念道士和黄鹤改称"黄鹤楼"。

黄鹤楼在历史上就是文人墨客汇聚的场所，并留下很多不朽名篇。唐代诗人崔颢的七律《黄鹤楼》："昔人已乘黄鹤去，此地空余黄鹤楼。黄鹤一去不复返，白云千载空悠悠。晴川历历汉阳树，芳草萋萋鹦鹉洲。日暮相关何处是？烟波江上使人愁。"将黄鹤楼的地理、环境、传说和楼的雄姿，述说得淋漓尽致，以至于唐代大诗人李白到此之后，想写诗赞颂黄鹤楼，因看到了崔颢的佳作，不得不发出"眼前有景道不得，崔颢题诗在上头"的感叹。历代登楼赋诗者很多，仅唐代就有崔颢、李白、王维、孟浩然、顾况、韩愈、刘禹锡、白居易、杜牧等等。像李白所写的《黄鹤楼送孟浩然之广陵》："故人西辞黄鹤楼，烟花三月下扬州。孤帆远影碧空尽，唯见长江天际流。"全诗气势磅礴，情景交融，古往今来一直被人们所称道。

3. 岳阳楼

岳阳楼是古代岳阳城的西门楼，相传三国时鲁肃曾在此阅兵。唐朝开元四年（716年），中书令张说出任岳州刺史，经常与文人登楼作诗，岳阳楼更加有名。因岳阳楼在州署的南边，所以又称南楼。天宝以后，著名诗人到岳州任官、游玩时，不断题诗，李白有《与夏十二登岳阳楼》，韩愈有《岳阳楼别窦司直》，白居易有《题岳阳楼》。而杜甫的"昔闻洞庭水，今上岳阳楼。吴楚东南坼，乾坤日夜浮。亲朋无一字，老病有孤舟。戎马关山北，凭轩涕泗流"最为人们所熟知。

宋仁宗庆历五年（1045年），岳州知州滕子京重修岳阳楼，规模更加扩大，并且特别要求范仲淹写了一篇《岳阳楼记》，至今传诵。这篇记文，当时是请了大书法家苏舜钦题写，大篆刻家邵竦篆额，与滕子京修楼、范仲淹作记，称为"四绝"。

岳阳楼最上一层，竖着一位神仙的木雕像，他的两旁有两个木雕的侍立童子——桃、柳二仙。这位神仙就是八仙之一的吕洞宾。吕洞

宾是唐朝人，中过进士，当过县令。相传他去考进士时，没有录取，就去庐山游玩，遇到一位异人，传授给他剑术，又得到长生不老的秘诀，就不再上京赶考。他经常在洞庭湖流域游玩，或在市面上出卖纸墨，但俗人都不认识他。相传宋朝滕子京任岳州知州时，有一天，一位道人拿名帖请见，上面写着"回岩客"，自称华州回道士，风骨异常清秀。滕子京知道他是异人，设酒款待，高谈阔论，还暗中让画工画了他的画像，并且赠他一首诗。第二天再去找他，就找不着了。又一天，吕洞宾经过岳阳，在城南古松树下休息。一会儿，有一个老者从树上下来，向他作揖，请他指点，吕洞宾就送他丹药一颗，并在附近墙壁上题诗一首："独自行来独自坐，无限世人不识我。唯有城南老树精，分明知道神仙过。"后人在那里建了一座过仙亭。岳阳楼上有一副对联，很是应景："吕道人太无聊，八百里洞庭，飞过去，飞过来，一个神仙谁在眼？范秀才亦多事，数十年光景，什么先，什么后，万家忧乐独关心。"

现存的岳阳楼为清朝光绪六年（1880年）按原样重修，基本保留了宋代建筑的艺术风格。主楼为三层三檐台阁建筑，纯木结构，平面呈长方形，宽17.24米，深14.54米，高19.72米，气势雄伟，建筑精湛。主楼右面有"三醉亭"，相传吕洞宾三醉于岳阳楼而得名。今天，岳阳楼仍是观赏洞庭湖景的最佳之选：晴天时，登楼西望，洞庭金波，君山秀色，十分迷人；渔船争渡，百鸟回翔，令人心旷神怡！阴雨天，则闻凄风怒号，满目浊浪排空，山岳潜形，商旅不行，洞庭湖又露出了使人敬畏的面貌。

三、长江流域的先秦文明

长江流域与黄河流域一样，也是中华文明的发祥地之一，是世界古人类的重要发源地之一，还是新石器文明以及巴蜀文化、荆楚文化、吴越文化的发祥地。

（一）长江流域的古人类

很难想象，许多中国重要的古人类都是产生在长江流域，许多还是产生于长江上游的高山深谷间。所以有的学者研究认为人类不仅起源于非洲，亚洲高原也成为人类的一个重要起源地。中国境内的早期人类是由长江上游的云贵高原向长江中下游和黄河流域扩散迁移而来的。这样，长江上游应为中国古人类的发源地。

1965-1975 年，中国学者就在长江上游的云南元谋县上那蚌村发现了距今170 万年的猿人门齿化石，同时发现元谋人能制造工具，并能使用火。从此以后中国历史教科书中都以元谋猿人为最早的古人类。元谋一带处于金沙江干热河谷，年均气温十分高，降雨稀少，植被状况不好，但在地质历史上曾是气候温暖湿润而植被相对茂盛的地区。

1986 年，黄万波先生等在今重庆市巫山县大庙龙坪村龙骨坡发现了距今

204万年的古人类右上侧齿及一段下颌骨化石，成为至今中国发现的年代最早的古人类化石，证明长江上游确实是古代人类的一个重要发祥地。

（二）长江流域新石器文明

人类走到新石器时代，除了狩猎采集外，开始有了农业种植和制陶工艺，出现了处于萌芽状态的早期艺术，在这一点上长江流域一点也不落后于黄河流域。

考古学家们研究表明，长江流域典型的新石器文化类型有长江上游的大溪文化，长江中游的屈家岭文化，长江下游的河姆渡文化、马家浜文化、良渚文化和青莲岗文化，这些文化展现了六七千年来长江流域的先民在长江母亲的滋润下劳作生息的艰辛历程。

长江上游的大溪文化遗址，位于长江三峡瞿塘峡东口大溪河入江处的南岸坡地上，这是一处并不十分宽绰的斜坡台地，由于泥沙的堆积，使今天的河道比历史上更高一些，也就是说那时大溪附近的先民更远离长江一点。在大溪文化遗址中发现了大量的人类骨骼、石制和骨制工具、陶器等，同时还发现了半地穴和地穴式编竹夹泥墙遗迹，说明距今六千年左右的大溪人已经开始从事水稻生产、捕鱼和家畜饲养。大溪文化成为长江上中游一个最重要的新石器文化类型。

从1954年开始，考古工作者在湖北京山县屈家岭发现了距今五千年左右的新石器文化遗址，有大量石制工具、陶器，说明当地居民主要从事水稻生产，渔猎和家畜饲养地位十分重要，同时已经会纺纱纺线，居住则是以一种地面式的泥墙多室建筑为主。屈家岭文化是湖北江汉平原的一种典型文化，为一种平原类型的新石器文化。

从1973年开始，考古工作者在浙江余姚河姆渡发现了距今7000-5000年左右的新石器文化遗址，出土了大量的石制、骨制和木制工具，说明当时农业生产的水平已经较高，人们从事水稻种植、渔猎生产，采集业仍是一个重要的生产部门，有一种典型的"干栏式"建筑，出土了水井和大量工艺品，这都说明河姆渡文化已经有较高的水平。

　　中国新石器文化遗址满天星斗的分布与新石器文化出现和发展的气候环境有关。距今 8000–5000 年，中国与世界其他地区一样，处于十分温暖湿润的时期，这种气候环境，特别有利于人类文化的发展。新石器文化在产业特点上说是一种农业种植文化，气候的温暖湿润有利于农作物的培育、生长和人类长期的劳作。长江流域在地理环境上还存在一定差异，这就使上中下游在文化上存在一些差异。长江下游的新石器文化遗址与海洋和湖沼水文关系密切，长江中游的文化遗址也与江河水文变化关系密切，而长江上游的新石器文化与地形地貌关系密切。

（三）长江上游巴蜀文化

　　殷商时期的甲骨文中还没有见到长江上游有关巴蜀的记载。传说中，蜀的最早统治者是蚕丛氏，"始居岷山石室中"，说明蚕丛氏主要活动区域在今四川茂汶一带。此后，柏灌、鱼凫先后任蜀王，活动地点大致在今灌县、彭县、温江一带。李白在《蜀道难》一诗中认为"蚕丛及鱼凫，开国何茫然"，说明当时对古巴蜀文化的认识是相当困难的。1986 年，三星堆两个器物坑中出土的铜器，制作之精美，比起商、周中原地区同类器物毫不逊色。有的学者根据三星堆古文化内涵，认为这里是古代鱼凫国的都城。三星堆的房屋遗址和出土文物反映出当时居民已过着密集定居的生活，并从事农业生产。出土的大量酒器，说明农业已经相当发达，能有一定的粮食来酿酒了。遗址出土的网坠，说明还残存着渔猎活动。铜器、金器、玉器非常精美，说明当时手工业已经相当发达。出土器物中还有石雕奴隶像，说明蜀地早已经进入阶级社会。

　　先秦史籍中对巴蜀已经有所反映，如《尚书》中记载，跟随周武王伐纣的西土八国中就有"蜀"，也有的学者认为《尚书》中记载的"彭"就是"巴"。此后，《山海经》中

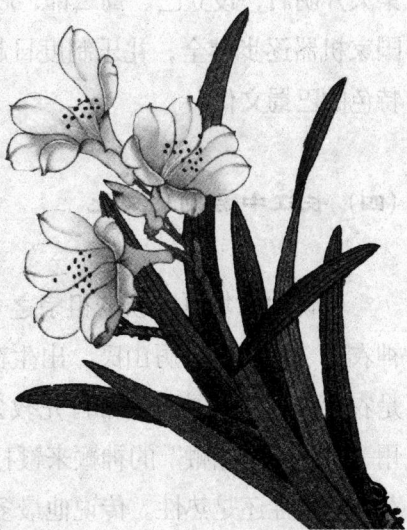

也多次提到"巴""巴国""巴人"等。古代的"巴"不止一国，古代的巴人也不是出自一源。周成王、周夷王时，蜀人多次向周室朝贡。

公元前7世纪时，荆人鳖灵建立开明王朝，直到公元前316年才被秦所灭。开明王朝是先秦时期蜀国势力最强盛的阶段，它不仅统治着成都平原，同时还控制着整个巴蜀地区。相传鳖灵死后，其尸不见踪影，荆人到处找不到。原来鳖灵的尸体逆水而上，到了郫县岷江边，又活过来了。他去见蜀国的统治者望帝，被封为相。这时，玉山一带发大洪水，望帝不能治理，就派鳖灵前去治理。鳖灵决战玉山，人民得到安定。此后，望帝就禅让给鳖灵，鳖灵即位后称开明帝。从这个传说看，鳖灵是古代蜀地的大禹。而望帝退位后，隐藏于川西大山中，死后变成了子鹃鸟，因望帝叫杜宇，故有杜鹃鸟之称。

开明王朝先后以今天的乐山、郫县、双流县中兴镇等地为国度，最后迁至成都。开明王朝强盛时，北边与秦国作战，势力达到汉中盆地；东边与楚国相争，夺取了位于今湖北松滋的兹方。巴蜀地区的许多小国逐渐被开明王朝控制。大约在公元前4世纪前半叶，开明王朝到九世开明之时，进入了一个新的阶段。秦灭开明后，设立巴、蜀二郡，后又设置汉中郡。但是开明王室称王，立宗庙，国家机器逐步健全，礼乐制度日趋完备，形成了自己的文字，形成了具有自己特色的巴蜀文化。

（四）长江中游荆楚文化

传说中的华夏民族老祖宗之一——炎帝就诞生在长江中游。炎帝姓姜，号神农氏、烈山氏、厉山氏，出生在今天湖北随州市厉山镇。他既是太阳神，又是农业神、医药神。炎帝首先教会人们播种五谷。他看到人们经常生病，于是用一种名为"赭鞭"的神鞭来鞭打各种各样的草，可以知道那是毒草还是药草，药草是寒性还是热性。传说他最多时一天遇到毒草70次。由于神农氏经常在长江中游、湖北省西部的大巴山区采药，因峰高壁陡，需要伐木搭架，人才能攀到山上，故称神农架。

楚是较早地活动在长江中游一带的都落，是祝融氏的后裔。在商末周初，祝融部落后裔西迁至丹水与淅水一带，在首领鬻熊的带领下，脱离日益腐朽的商朝，归附正在兴起的周。至鬻熊四世孙熊绎时，被周成王封在楚蛮之地。至此，才有了一个很小的楚国。周夷王时，熊渠趁周王室衰落，征讨蛮夷，先后兼并了西南的濮巴和东南的扬越。楚武王时又灭了权、州、蓼等国，楚文王时吞并了邓、申、息等国。经过多年征战，到楚成王时，已是地方千里。楚国的手工艺水平也很高，大约在春秋中晚期之际，铜器生产已经位于列国之首了。到了楚庄王时，国力已是相当强大。传到昭王时，因与长江下游的吴国长期交战，国力不再增强。楚昭王八传到怀王时，掌权者争权夺利，慢慢走向衰弱。此时，北方的秦国已经强大，开始不断侵略楚国，并且用计谋将楚怀王骗到秦国。楚怀王客死秦国后，顷襄王即位，此时已回天无力。顷襄王十一年（公元前 288 年），秦将白起攻破郢都。六十多年后，也就是在公元前 223 年，秦灭楚。

（五）长江下游吴越文化

居住于长江下游的主要是吴越两大部落，他们都是古老的百越族的后代。吴或称句吴，其祖先生活在今天江苏和安徽的南部、浙江北部一带；越或称于越，亦称大越、内越，最早生活在今浙江北部和太湖流域，在史书《春秋》中已有记载。

吴的开国祖先是从黄河流域迁来的周太王长子泰伯。周太王是周文王的祖父，喜欢小儿子季历，而周王朝实行的是长子继承制，理应由长子泰伯即位。泰伯为避免王室权力之争，三让王位，最后托言采药，与弟弟仲雍一同来到江南，定居在今

江苏无锡梅里。他们入乡随俗，断发文身，与当地的土著句吴族打成一片，归附者千余家。立国后自号"句吴"，并且在梅里建城，名曰吴城，又名泰伯城，人民都在城内耕田。由于泰伯等人带来了中原地区先进的耕作技术，促进了吴地农业的发展，"数年之间，民人殷富"。

泰伯之后，历经二十四传，到吴王寿梦时，吴国才逐渐强大起来，开始称王。到吴王阖闾时，在今苏州木渎一带筑城，同时大造战船、刀剑，逐步使吴国兵库充盈，兵将精良，所以后来能西败荆楚、北迫齐、晋。由于连年用兵，国力削弱，与周边各国关系也不融洽，虽然一度以重兵争得霸主之位，此后每况愈下，最后夫差身处逆境，自刎身亡，称雄一时的吴国被宿敌越国消灭。

早期越人的活动范围，大概是南到今浙江诸暨，北到嘉兴，东到宁波，西到太湖。于越在百越中发展得比较早，文化程度也比较高。相传，舜因避尧之子朱丹之乱，南下会稽（今浙江绍兴），在此耕耘、游憩，舜的七个儿子分别封在余姚、上虞等地。会稽山上就留有传说中的虞舜巡狩台。到了大禹治水时，他来到洪水泛滥的今绍兴地区，凿山疏流，将水引入东海，使这片浅海沼泽之地重新成为平原。大禹对越的影响很大，成为越人的祖先。至今，绍兴大禹陵前仍是游客不绝。

吴越本属一个族源，但是为了各自的利益而相互仇视征战。春秋时，晋楚两个大国为了各自的利益需要，都想吞并长江下游这片沃土。于是楚国拉拢越国，晋国与吴国结盟，不断地挑动两国互斗，使吴越两国更加仇视，终于爆发了激烈的吴越之争。越国先是被吴国打败，越王勾践被俘后屈节侍奉吴王。返国后，勾践卧薪尝胆，最后终于打败吴国。越灭吴后，与齐、晋会于今天的山东滕南县，周王室派使臣封勾践为"伯"，越国成为春秋末年最后一位霸主。此后，雄心勃勃的勾践想北上称霸，曾迁都琅邪（今山东胶南市西南一带）。勾践死后半个世纪，越国不断发生内乱，国势日衰，国都也从琅邪迁回。公元前333年后，楚军大败越国，越王无疆被杀，越沦为楚的属国。

四、长江流域的民俗文化

（一）美食文化

古人言，食色性也。长江流域饮食文化近两千年来在中国居领导潮流的地位，尤以其中的几大菜系独具特色。

长江流域自然条件对于人类生息总体上是十分优越的，生物资源多样性十分明显，所谓"衣食不期而至"，人类的基本生存条件十分容易满足，有更多的时间研究饮食文化。尤其是唐宋以来，随着长江流域的经济地位上升，人口大增，经济实力为饮食文化的发展创造了条件，长江流域饮食文化之深厚远胜于北方地区。明清时期，随着移民运动的进行，各地移民的饮食文化在长江流域来了一个大杂烩，而且随着境外的饮食用料进入中国长江流域，特别是辣椒在长江中上游的生根，为长江流域饮食文化的发展奠定了基础，近代中国的菜系也是在此基础上发展而来的。

今天中国的鲁、川、粤、苏、闽、浙、湘、徽八大菜系中的川、苏、浙、湘、徽五大菜系都在长江流域，可以想见长江饮食文化的魅力。

湖南菜依托湘江丘陵、洞庭湖平原、湘西山地，形成了三种流派的特色风味。湖南菜的特色在于依托多种地形的自然资源，野味、腊味、辣味三味并行，其中吃辣的水平是中国其他地区无法望其项背的。湘江流域菜以长沙、衡阳、湘潭为中心，是湖南菜的主要代表，主要以油重味辣，煨、炖、炒、蒸为主，腊味菜在菜品中比例较大，代表菜有海参盆蒸、腊味合蒸、走油豆豉扣肉等。而湘西菜多以山区野味为原料，同时烟熏的各种腊肉，与城市的腊肉风味不同，口味以酸辣著称，如红烧酸辣、湘西酸肉、炒血鸭等。洞庭湖区鱼类资源丰富，以烹制各种河鲜、家畜、家禽著称，口味咸辣香软，其中火锅炖菜特别多，著名

的菜有洞庭金龟、网油叉烧洞庭鳜鱼、蝴蝶飘海等。

安徽菜地跨长江南北，北过淮河，地貌多样，形成了皖南、沿江和沿淮三大体系，但以皖南菜为代表。皖南菜以烹饪山珍海味见长，擅长炖、烧，以保持食物的原汁原味，而沿江菜则以芜湖、安庆为代表，长于烹制河鲜、家禽，用糖比例相对较大，烟熏技术一流。沿淮菜则处于南北交界之处，有北方菜系咸味较重的特点。

江苏菜所依托的地理环境较复杂，其东临海滨，境内运河南北纵横、湖泊较多，"苏湖熟，天下足"，素有江南鱼米之乡的称法，饮食文化发达。江苏菜可分成淮扬、金陵、苏锡、徐海四大流派，其中淮扬菜是苏菜的代表。以扬州与淮安一线为区域，江河鱼类丰富，口味清淡，做工精细，镇江三鱼（醋鱼、刀鲚、蛔鱼）闻名天下。金陵风味则融江南八方自成一体，发明了许多影响较大的菜品，如松鼠鱼、蛋烧卖、美人肝、凤尾虾四大名菜，成为南京饮食的一道文化品牌，同时还有盐水鸭、鸭血肠等。苏锡菜原以咸甜兼蓄为特点，显现浓油赤酱。近代苏锡菜受淮扬菜的影响向清淡发展。著名的菜有松鼠鳜鱼、碧螺虾、鸡茸蛋、常熟叫花鸡等。徐海菜受北方菜，特别是鲁菜的影响明显，以鲜咸口味为特色。总的来看，江苏菜以寻求本味、口味清淡、注重刀工、火候为特色。

浙江面临东海，北部平原水道纵横，南部是丘陵山地，有海味与山珍并存的饮食资源，历史上形成杭州、宁波、绍兴三大流派。其中以杭州菜影响较大，杭州菜做工精细，用料考究，以爆、炒、烩、炸为主；宁波菜则以蒸、炖、烤为主，求原汁原味而鲜嫩软滑；绍兴菜则以河鲜为主，以鲜浓香酥为特色。总体上杭州菜讲求用料，酒、葱、姜、糖、醋等皆可入菜，做工精细，文化底蕴强，代表菜有西湖醋鱼、东坡肉、叫花鸡、井虾仁等。

四川菜历史悠久，由于四川地形地貌复杂多样，物产也多种多样，饮食自

中国著名水文景观

然背景相差较大，造就了四川菜品味独特而流派众多的特色。一般认为近代四川菜分成都、重庆、大河、小河、自内五大流派。但现在各自的特色并不十分鲜明。成都菜一般做工精细，用料讲究，长于麻味的烹饪，小吃较多，菜品文化底蕴浓，而重庆菜由于陪都汇集八方风味，与川菜融合，创新能力强，特点是用料凶猛，大刀阔斧，江湖菜多，以火锅见长。其他大河味以江津、合江、泸州、宜宾、乐山菜品为主，主要以烹制江菜为主，用料较粗野，味觉厚重，生辣与酸甜结合。小河味主要指嘉陵江流域的绵阳、遂宁、南充、广元、达川、巴中等地菜品，长于传统菜，民间江湖菜影响也较大。自内味主要指自贡、内江、威远、资中、资阳等地，有一定的特色。川菜总体上以麻辣鲜香为特色，以味多、味广、味厚、油重为特色，百菜百味，长于中庸收敛，尤以炒、煎、烧、煸方式见长。著名的川菜以回锅肉、鱼香肉丝、麻婆豆腐、夫妻肺片等为代表，重庆毛肚火锅名气大，江湖菜也是新潮不断。

今天八大菜系中在中国和世界影响最大的要属川菜、粤菜和湘菜，尤以川菜和湘菜的发展趋势最猛，民间普及率最高。全国各地城乡几乎普遍受到川菜和湘菜的冲击，长江流域的饮食文化成为中国饮食文化的主流。

（二）民风与风土

我们所说的"民风"，主要是指针对一个地区个性特征的总体描述，这种"风"往往是一个区域文化特征的体现。长江流域在先秦时期被视作蛮夷之地，但是随着汉文化的深入，长江流域逐渐被纳入中原文化的大范围之中。由于地理背景和文化传统等因素，各地人文特色鲜明。

就长江流域来看，历史上记载的"苏州状元""绍兴刀笔""江西剃头师""句容剔脚匠""徽州朝奉""扬州瘦马""扬州尚书"等等都是人文风土特色显现出的代表人群。

明清以来，长江流域的

风土更表现出商业经济和发达文化结合的区域特色。以扬州为例，明清扬州的发达得益于大运河与长江汇合口的地理位置，淮盐的转运中心，历史上记载的"维扬之盐""香山之番舶""广陵之姬"等都与此有关。而"扬州三把刀"的厨师、理发师、剔脚匠显现出了服务行业的发达。明清扬州进士数也居前列，文化教育也因此发达，而所谓"苏州出状元，扬州出尚书"，显现了在经济发达的同时文化教育的繁荣。

在长江流域，江西的经济发展水平历史上并不算高，但文化上一度发展很好，特色也很鲜明。明代江西的进士十分多，有"吉水山高进士多"之称。江西人在历史上有好讼的传统，而江西人在明清以来以长于开拓经商获利在全国著称，有所谓"无江西不成买卖"之说。不过，江西人经商以小商小贩居多，形成木匠、剃头师等有影响但又难以巨富的产业。说起经商，不得不提徽商和温州商人。徽商主要以盐商、木商、茶商、典当商等出名，"徽州盐商""无徽不成典""婺源木商"成为一方商业形象代表。同时徽商主要活动的地区是以江南地区为主，以杭州、扬州、苏州等经济发达地区为主，在明清时期，"徽商遍天下""无徽不成商"等民谚广泛流传，所以在全国许多地方都有徽商留下的影响。而"徽式新屋"也风行一时，不仅在江南地区十分流行，而且对长江上游和贵州云南等地建筑也有一定的影响。另外得说一下浙江商人。据研究表明，明清时期，徽商、苏州洞庭商人、浙江龙游商人在江南地区影响都十分大，故有"钻天龙游遍地徽州"之称。近代以来宁波商人更是名声在外。改革开放后，浙江温州商人在商业方面展露才华，以其吃苦精神遍游中国南北，近年来更以"温州商品""温州模式""温州炒房团"等名声大振。

同时，由于发达文化与发达商业的结合，绍兴一带出现了"绍兴师爷"现象。所谓"绍兴师爷"是指清代绍兴文化人多外出为官府幕僚，形成一股势力，影响十分大。这些从事幕僚的人多是年事已高久居官场的老吏，精于谋算，长于刀笔，故有"绍兴刀笔"之称，有所谓"无绍不成衙，无湘不成军"。由于这个因素，使绍兴酒、绍兴方言在许多地方流行甚广。说到这里，不得不提到荆楚文化。荆楚地区的士人自始至终过得十分逍遥，无拘无束，形成江汉好游的风俗。明清以来长江中游的湖南、湖北地位已远非汉唐宋元时的地位所比，"湖广熟，天下足"显现出来的经济地位和城市发展，使湖南、湖北的文化在全国的影响加大。清代以来湘军以善战著称，这一点倒有楚人犷悍尚武的传统。"湖南人尤多以军功而胙茅土于四方"，湖南军官穿的长马褂，广泛流传，被称为"湖南褂"。近代湖南、湖北以出政治军事人才著称于世，也正是这种文化的延续。其实近代由于张之洞等人对新学新风的推崇，随着长江中游政治经济文化中心从荆襄东南向夏口一带迁移，武汉、长沙等地近代文化地位影响很大，特别是开埠以来，汉口的文化和影响加大，商业的发达，将"天上九头鸟，地下湖北佬"的民谚演绎得更加生动。传承此风，以至汉口汉正街在改革开放初期曾成为中国改革开放的亮点之一。

近代以来，上海成为中国乃至远东的经济金融文化中心，也是远东最有影响的娱乐中心。上海文化是在西方文化与江南文化融合，兼收并蓄全国大量移民文化的基础上形成的，呈现为西式洋气与小商业结合、商业精明与时尚文化结合。上海由于在全国独有的地位，在近代形成了一种上海人的文化认同，一种文化优越感。

(三) 民族与文化

长江上游许多地区明清以来仍是少数民族聚居区，长江上游的区域文化往往带有少数民族的传统与特色。

长江上游是一个南北民族大走廊，历史上氐羌系统民族沿长江上游南下，而百越系统民族和苗瑶系统民族更是纷纷西进，使长江

上游成为我国一个重要的民族聚居区，羌族、彝族、纳西族、土家族等民族都是主要在长江流域生存的。

彝族古代为"昆明""巂"，汉晋时期称为"叟"，南朝为"爨"，唐宋时为"乌蛮"，元明清称"罗罗"。今天全国有彝族人口四百八十多万，主要分布在今天的四川、云南、贵州、广西等省区，是一个称谓众多的民族。历史上彝族形成白彝和黑彝，其中黑彝为彝族的主体部分。彝族有自己的语言，但25%为汉语借词，显现出汉彝两族在历史上的融合关系。彝族服饰"擦尔瓦"成为典型的披毡样式；流行火葬；巫师"毕摩文化"很有特色；彝族的火把节影响也较大；彝族聚居的楚雄是中国铜鼓文化的发源地。

今天川西康藏地区的藏族自称康巴，藏族学术界一般认为源于西北的古代羌人，与"发羌""唐羌"有渊源关系。这些"发羌""唐羌"之民后来西南迁到青藏高原地区，成为现在藏族的先民。藏族服饰很有特色，肥腰、长袖、大襟，女性的"帮垫"特色鲜明。饮食上藏族的酥油茶也很有特色。藏族实行火葬和天葬，其中以天葬特色最为鲜明。

羌族是一个古老的民族，远古时期主要居住在我国西北甘青地区。学术界有人认为，古代羌人向西南迁移形成藏族，向南迁移形成今天西南其他氐羌系统民族。可能迁到今天岷江上游地区的一批保留原始羌人文化最多，形成今天的羌族。羌族今有人口八万多，语言为汉藏语系藏缅语族，但已经没有文字，文化上汉化相对彝族更多一些，但羌式碉房、碉楼影响很大。

长江中上游还有土家族，一般认为土家族的族源来自古代的巴人。今天土家族自称"毕滋卡"，主要分布在重庆、湖南、湖北、贵州等地，人口五百七十万左右。在长江上游的众多少数民族中，土家族是一个汉化比较严重的民族，

中国著名水文景观

这主要是其居住的地理位置离汉族中心区更接近的缘故。在文化上土家族的白虎崇拜、土家歌舞有一定的影响。

长江从源头，经六千三百多千米，跨越 11 个省区，支流跨 8 个省区，流域涵盖 19 个省市区，流经地域人口 5 亿，经过高原、盆地、山地、平原，30 多个民族靠长江水养育。这自然会形成不同的民族文化风格，但长江水的一体性也影响到长江流域各个民族对长江文化风土的整体认同。

（四）码头文化

由于长江流域特殊的地理风貌，使长江上的码头风情很有特色。长江流域地貌多种多样，特别是在早期，上游人口相对稀少，城镇经济并不发达，码头就成为一个城镇商品贸易最发达的地区，往往是商家云集、八方杂处。

古代长江上的城镇一般是城门面江，下临街堤直通江面，江面上趸船边木帆船桅杆林立，遮蔽大片江面，通往码头的石梯两边往往草蓬相连，商人在内叫卖不断。码头人头攒动，力夫、客人、商贩等往来穿梭。

过去木船航行时间长，而且风险大，生死往往一瞬间，船工和商人们的生理和心理都强烈需要情感的补充，所以沿江码头往往是妓院、烟馆、戏院、赌场最多的地方。奉节旧时为夔州府治，是出入四川的咽喉之地，经济军事地位非常重要，码头热闹非凡，各种船舶云集。一到了晚上，到处都是灯红酒绿，卖艺人到处都是（在夔州当时叫"唱灯儿"），一时笙歌在江面回荡。南京的秦淮河在古代更是出名，史书上有名的"十里秦淮"在东晋以来就成为粉黛佳丽、南曲靡靡的代名词。其实这些都是码头文化的真实体现。

长江中下游的码头上，由于地势平坦，各种畜

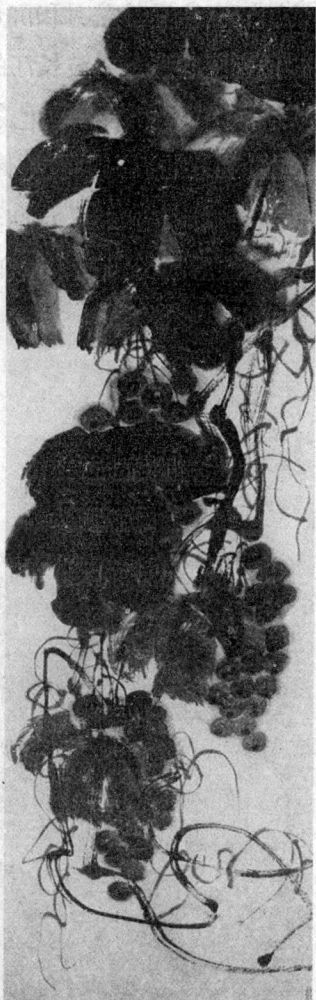

长江

力运输机械与人力搬运都存在，但在长江上游，由于坡度较大，人力搬运成为其最大的特色。现代重庆码头的棒棒、万州的扁担都是这种码头文化的遗存。

长江风土千差万别，繁杂多样，江南人精明尚文，富商和文人辈出；江汉人则尚鬼信巫，历史上往往在文气与尚武之间交替起伏；巴蜀人幽默乐观，休闲喜游，不拘礼教，文采四溢。

长江文化的一体性体现为比黄河文化更有强烈的"水"性，更富柔情，有着更精细文化元素的滋生，而缺少了黄河流域的刚性和粗犷。长江虽然有高山大川，但往往被一片绿色所笼罩，掩饰了山谷的粗野。虽然有急流成灾，但也只是与宽阔的长江增加对比。虽然历史上有巴蔓子的刚武、湘军的勇猛，但长江流域历史上很少能成为一个统一王朝根据地。长江上的英雄们的铁胆钢心不是被江南的风花雪月和沉鱼落雁消磨，就是被巴蜀富庶的温馨所融化，那一个个冲动的英雄梦多被长江的春色风光和灯红酒绿所打断，而一个个政治的愿望也往往被寄托在春光秀色之中。

面对千古长江，我们看到长江流域社会经济文化的整体发展，看到长江流域伴随着自然的长江走向现代化，看到长江流域秉承着传统文化实现现代化。天地生人，这是人类发展的永恒主题，也是几千年来长江文化留给我们的思索。

黄　河

　　一曲气势恢弘的《黄河颂》，唱出了黄河的雄壮豪迈，也唱出了人们心中的激越澎湃。雄伟的黄河造化于自然的鬼斧神工，得益于天地的日月精华。黄河是慈爱的，她任劳任怨地默默付出，滋养了五千年华夏文明的绚烂之花；黄河是美丽的，她蜿蜒奔腾的九曲连环，勾勒出千万里中华大地的生生血脉。走近黄河，去聆听那慈母般的心跳；走近黄河，去感受中华民族那辽远壮阔的英雄气魄。

一、黄河的自然风情

从昆仑山上到黄海之滨，纵目远眺、俯瞰而视，一个巨大而清晰的"几"字愈发夺目耀眼。在中国这片犹如雄鸡挺立的版图上，黄河仿佛坚实的脊梁，挺起了中华大地的昂首英姿，更挺起了黄河文明的灿烂辉煌。

（一）黄河源头

黄河之水天上来，奔流到海不复回。

千百年来，黄河以其豪迈的身姿横卧中华大地，润泽万物。巨龙一般一路奔腾着、咆哮着，带给中华文明无与伦比的灿烂与辉煌。

黄河西起青海省巴颜喀拉山北麓，如果只见其源头，相信谁也不会将其与"黄河"这个名字联系到一起。

青藏高原上一汪汪清澈见底的湖泊、溪水，涓涓流淌，安静而祥和，仿佛世外桃源。而约古宗列盆地则以其曼妙的身姿和宽阔的胸怀将这些纯净的细流汇聚后，将其一并送入美丽的星宿海。然而，星宿海却并非我们传统意义上的大海，而是一片辽阔的草滩和沼泽，它东西长三十多公里，南北宽十多公里。这些沼泽和大小不一的湖泊与月光相映，波光粼粼，犹如美丽天幕上宝石般闪亮的群星，因此，人们在赞叹它的美丽的同时赠与了它这个动人的名字——星宿海。从星宿海再度出发，宁静的水流寻找到了下一站投宿地——扎陵湖和鄂陵湖。这是我国高原上最大的两个淡水湖，它们有两个特别的藏语名字——错加朗、错鄂朗。"错"，在藏语中是湖的代名词，而"朗"是长形的意思，"加"和"鄂"则分别代表灰白色和青蓝色。那么我国海拔最高的两大淡水湖则又可以称为灰白色和青蓝色的长湖。扎陵湖和鄂陵湖的蓄水量一共有一百五十多亿立方米，每年从鄂陵湖汇入黄河的水量达六亿多立方米，是理想的天然调节库，也是黄河之水最重要的来源。想必，充满才情与浪漫情怀的伟大诗人李白在高声吟咏"黄河之水天上来"时，他一定不会想到，这样奔腾不羁、洒脱浩瀚的黄河居然源自如此宁静蔚然、生动平和的溪湖之流吧。

黄河全长 5 464 公里，是中国第二长河、世界第五长河。九曲回肠横穿青海、四川、甘肃、宁夏、内蒙古、陕西、山西、河南、山东九省（自治区）。其纬度南起北纬 32°，北至北纬 42°，经度则横跨东经 96° 与东经 119° 之间。

黄河流域面积 75 万平方公里，共分上游、中游、下游三段。从黄河源头到内蒙古河口镇为上游，自河口到河南桃花峪为中游，桃花峪以下至海为下游。每段流域都有着各自的地貌特色及地域风情。其中上游占全流域面积的一半以上，水多沙少，是清水的来源。而中游的黄土高原，则真正赋予了黄河的姓名。下游流域面积最小，却以罕见的地上悬河而闻名。

上游

黄河的上游全长 3 472 公里，流域面积三十八万多平方公里。其中，上半部分流域为高山草原，是河源段，即黄河的源头。下半部分为峡谷平原，是河谷段。因此，迥然不同的地势造就了此河段高达 3 846 米的巨大落差，形成潜力丰富的水力资源。

河源段有源自岷山的白河、黑河等主要支流，河源水多沙少、流量稳定，这是此河段最为显著的特点。

由于河谷段由峡谷和宁蒙平原两部分组成，因此，又可将其细分为峡谷段和平原段。从青海龙羊峡到宁夏的青铜峡为峡谷段，该河段流经山地丘陵、峡谷、宽谷相间，有龙羊峡、刘家峡、青铜峡等二十多个大大小小的峡谷，峡谷两岸悬崖峭壁，河床狭窄，水流湍急。其中，贵德至兰州的流域间，有洮河、湟水等重要支流汇入，是三大支流集中区之一。从而使黄河水量大增，水利工程也相对更多。

从宁夏青铜峡至内蒙古托克托县河口镇部分为冲积平原段，此河段流经地区大多为荒漠以及荒漠化草原。因此，基本没有支流的汇入，而干流河床平缓，水流缓慢，因此

黄河

39

在河流两岸形成了大片的冲积平原，即著名的银川平原与河套平原。其中河套平原更是全国著名的引黄灌溉区域，所谓"黄河百害，唯富一套"。

中游

从内蒙古托克托县的河口镇到河南省郑州的桃花峪一段，是黄河的中游。这一段河长1 206公里，总流域面积达三十四万多平方公里，占全流域面积的45%，是黄河的中坚部分，更是黄河的得名河段。

黄河的中游流域仍然是峡谷、平原相间分布。

从河口镇至禹门口是黄河干流上最长的一段连续峡谷——晋陕峡谷，也就是著名的黄土高原区。千百年来，风沙侵蚀的黄土高原早已黄沙遍布、千沟万壑。据统计，目前黄土高原上长度在一公里以上的沟壑有三十多万条，一公里以下的支沟、毛沟更是不计其数。而一道道沟壑最终的归宿都是黄河，它们不停地切割着黄土高原，更不停地流向黄河，从而成为黄河泥沙的主要来源。黄河黄，始自黄土高原，这黄色醒目耀眼。从此，黄河、黄土相生相伴，形影不离。

禹门口至三门峡区间，黄河流经汾河平原与渭河平原。这一段平原流域，地势平坦，河谷展宽，水流缓慢，土壤堆积，养料充足，并接纳了汾河、洛河、泾河、渭河、伊洛河等重要支流。由此，河段两岸及山西南部的黄土台塬成为陕西、山西两省的最重要农业基地。

三门峡至小浪底河段，穿梭于山峦之间，是黄河干流上最后的一段峡谷地带。此后自小浪底以下，黄河则从山峦间穿越而出，流向下游宽阔的平原地区。也正因为如此，小浪底附近过渡地带的巨大落差使其成为了重要的水能利用基地。

下游

从河南桃花峪以下直至入海，是黄河的下游。全长786公里，流域面积仅为2.3平方公里，是黄河三段中长度最短、流域面积最小的一段。由于此河段流经地区主要为沿海低矮丘陵即冲击平原，地势平坦、起伏和缓，因此此段的落差不到 100 米，又因没有较大支流的汇入，水能资源相对较少。然而，由于中游黄土高原河段的泥沙大量冲击而下，长年累月的黄土沉积形成了举世罕见的自然奇观——地上悬河。从而"人在地上走，水在头上流"的俗谚成为这一段风景真实独特的写照。

(三) 支流广布

如果说黄河是中华文明的摇篮，那么其广布的支流则犹如这摇篮中伸展的竹枝，深入中华大地，绵延万里，润泽一方水土，滋养一方生民。黄河支流的流域面积占总流域面积的 80% 多，且分布不平均。每一条支流都犹如一个急待归家的游子，或几经辗转或直奔而来，归入母亲黄河的怀抱。

1. 白水、黑水：

《老残游记》中的黑妞、白妞是一对姐妹花，而对于黄河而言，黑水、白水（又称黑河、白河）则是一对名副其实的支流姐妹花。它们共同发源于四川省境内，流经川北诺尔盖高原，是黄河流域最南端的两大支流。同时，黑河、白河又有着相同的地质地貌。其中黑河较长，共计 456 公里；白河较短，长约 270 公里，但先于黑河加入干流。由于河流两岸都为沼泽泥炭发育的土壤，因此河水呈现出黑灰色，黑河即由此得名。而白河则因为地势较高的缘故，泥炭显露不明显，因此河水相对较清，从而得名白河。

2. 洮河

如果人类的贫富程度是以金钱来计算的话，那么河流的贫富比较则无疑要靠水量的大小作为标准了。洮河发源于青海省河南蒙古族自治县西倾山，曲折东流，穿越临洮盆地，最后在甘肃永靖县注入黄河刘家峡水库。全长 673 公里，平均年径流量达 53 亿立方米。水多沙少，来水量仅次于渭河，是黄河上游水量最大的支流。每到严冬季节，陇原大地银装素裹，洮河河面上就会拥成一簇簇的流珠，滚圆晶亮、玲珑剔透，形成美丽的洮河流珠，这是

大自然赐与洮河的一道靓丽风景，更为黄河增添了一份新鲜色彩。

3. 湟水

湟水也是黄河上游的重要支流之一，发源于青海省海晏县包呼图山，东南流经西宁，因此又称西宁河。全长 374 公里，流域面积达三万多平方公里，流域构造十分奇特。由于湟水主要流经青藏高原和黄土高原的交接处，并在峡谷、盆地间交互穿梭，从而使流域附近形成独特的串珠状河谷地貌。每当春夏之交，湟水流域上游的冰雪慢慢融化，水量激增，再加上南北川河的并入，致使原本平静安详的河流猛然间波涛汹涌、巨浪拍岸，呈现出别样壮观之景，因此——"湟水春涨"成为黄河又一道美丽的风景线。

4. 渭河

如果说黄河的各个支流都是黄河母亲的孩子，而这些孩子又按照注水量的多少来排列长幼顺序的话，那么渭河则可以当之无愧地成为黄河的长子。渭河发源于甘肃省渭源县鸟鼠山，东奔陕西省潼关县，南亘秦岭，北靠六盘山。河流全长 818 公里，流域面积 13.4 万平方公里，上游流经黄土高原，水沙俱下，是向黄河输水输沙最大的功臣。中下游地区则沟渠纵横，利用水利之便，使灌溉、航运的发展齐头并进，成为汉唐时期的漕运要道，在今天仍是重要的农业产区。

5. 汾河

汾河发源于山西省宁武县管涔山麓，纵贯山西南北，全长 710 公里，是山西第一大河。"汾"，大的意思，汾河由此而得名。同时，汾河也是黄河的流量次子——第二大支流。

汾河流域面积约为四万平方公里，四周山峦环绕，谷地相拥。优越的自然条件使其在旧石器时代即孕育了中华文明的先祖——丁村人，《山海经》《水经注》等历史文献更是早早地将其列入名山大川的行列之中。汾河，千百年来生息繁衍，始终慈爱如一地哺育着三晋生民，也享誉着"三晋第一胜景"的至高光环。

6. 大汶河

黄河的各个支流分布呈不规则状，而其中较大的支流多集中于上游、中游。

因此，如果在黄河下游选出一个代表的话，那必然首推大汶河。大汶河古称汶水，发源于泰莱山区，自东向西注入黄河后转变流向，与黄河一道自西向东注入渤海。然而，在历史上，大汶河的名字问题却十分复杂，几经变迁。在北宋时期大汶河就曾一度被称作大清河，直到若干年后，又改回原名。

此外，作为黄河在山东省的唯一支流，大汶河也是泰安市最大的河流。全长208公里，属季节性河流，因此流量差异很大。由于中游一带水草旺盛、资源丰富，大汶河也凭借其天然优势造福了一方百姓。

（四）自然景观

1. 湖口瀑布

壶口瀑布，位于陕西、山西两省的交接处，是黄河中游在流经陕晋峡谷时天然形成的一个壮世奇观。壶口瀑布的高度一般在二十米左右，这在中国瀑布中不算是很高，但滚滚而来的黄河却以其巨大的水量和强劲的气势将壶口瀑布推上了中国瀑布之最的第二把交椅，成为仅次于黄果树瀑布的第二大瀑布。

巨大的壶口水浪在50米高的石槽间不停地翻滚、冲撞，声如洪钟、气压群峦，水光四溅、雾气冲天，给人以惊心动魄的震撼。远远观之，犹如一把巨型茶壶在倾倒壶水，令人望而生畏的气魄又给人以灵魂深处的涤荡，经久不息。无论是"盖河旋涡，如一壶然"还是"混出昆仑衍大流，玉关九转一壶收"，都用生动细腻的笔触描绘出了壶口瀑布的壮阔与澎湃，余音四绕，回味无穷。

2. 塞上江南

"衡阳雁去无留意"的塞上风光，给人的第一感觉应该是黄沙漫天、莎草稀疏的荒凉之美，远不同于樱红柳绿、良田美景的江南之秀。然而，这塞上江南在哪里？又是谁将这风沙遍野的塞上打造成良田肥美的江南平原呢？这一切都要从黄河说起。

塞上江南实际上说的是河套平原或称宁夏平原。河套平原本处于干旱、半干旱的大陆性气候区，十分干燥。然而，奔涌的黄河一路向东，从甘肃到宁夏沿贺兰山转而向北，遇阴山再折向东，最后到吕梁山绕而南下，形成了一个包围宁蒙平原的大弯折。这一段大弯折的地带在黄河的滋润下，水草丰美，气候湿润，大大迥异于其周围的高山荒漠区域。

四周是大漠金沙、黄土丘陵，中间是水乡绿稻、林翠花红。自然的巧匠塑造了黄河的奔腾，而黄河的奔腾又重新创造出别样的自然风光。

3. 黄土高原

有人说，是黄土高原塑造了黄河，它用大量的黄土将原本清澈的河水染黄，最后又将这些黄土安家落户于黄河下游，堆积成"地上悬河"。没错，黄河因黄土高原而得名，也因黄土高原而灾害不断。但黄河却不仅仅只是被动地接受着这一切的改变，就在黄土进入黄河水的那一刻，黄河也在竭尽全力地改造着黄土高原。

黄土高原的风尘来自何方暂不必究，但其举世罕见的千沟万壑的破碎地貌却不能说与黄河毫无关系。奔腾的黄河水不仅带走了黄土高原的泥沙，同时也在黄土高原上留下了自己的片片足迹。这足迹雕刻了独特的塬、梁、峁地貌，更将黄土地的板块踩踏得破碎不堪。不知这种踩踏算不算是咆哮的黄河对给它带来沉重代价的黄土高原的一种惩罚呢？

4. 悬河惊叹

当黄河结束了在山峦峡谷间的穿行，进入低缓的平原地带时，其早先那一泻千里的气势也随之而舒缓。流速的减慢使黄河开始卸下黄土高原带给它的沉重包袱，于是黄土慢慢沉积下来。然而，这些常年累月的积沙却在慢慢地抬升着黄河的河床。为了保护沿岸的村庄、农田，黄河河岸的防护大堤也不得不随之而逐年增高。就这样，一个奇特的人、河"抢高比赛"拉开了历史的帷幕，从此没有终结。这场怪异的比赛所得的唯一结果便是铸就了更加怪异的自然景观——地上悬河。

地上悬河河段西起郑州，东至入海口，长达 800 米。而其高出地面的最高值已经超过了 10 米，即使按平均高度计算也有 3-4 米。人在地上走，水在头上流，仰望着波涛滚滚黄河水，感受着浩浩荡荡的千年文明，还真是令人叹为观止的独特享受。

二、东方伊甸园

如果说伊甸园是西方文明的远古发祥地，那么黄河则无疑为中华文明的东方伊甸园。从人类的蒙昧时期开始，黄河就已经在广袤的中华大地上哺育了一代代智慧的先民，书写着一段段生命的传奇。

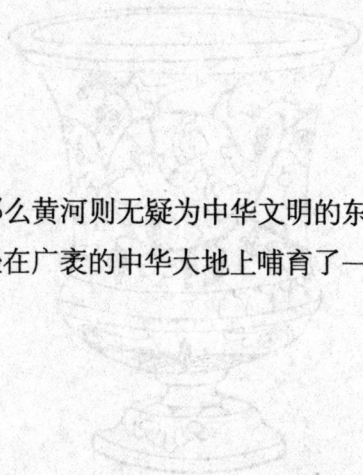

(一) 旧石器时代

说黄河是中华文明的摇篮一点都不为过。因为早在旧石器时代，黄河流域便有了人类的活动遗迹。陕西的"蓝田人"，据证实距今已有八十万年的历史，而山西的"丁村人"也至少有二十万年的历史。也就是说，当同时代的世界仍处于一片黑暗与蒙昧的阶段时，伟大的黄河先祖们已经在自己的土地上点燃了文明的火种，谱写着中华文明的序曲。

1. 蓝田文明

蓝田人发现于陕西蓝田县的公王岭和陈家窝两地，其中公王岭蓝田人距今大约 80—75 万年，化石有头盖骨、鼻骨、右上颌骨和三颗臼齿，同属于一个成年人，可能是女性。头盖骨低平，额部明显倾斜，眉脊骨粗壮，骨壁厚，脑量小，表现出较为明显的原始形态。而在发现蓝田人化石的同一地方，也同时发现了尖状器、砍砸器、刮削器和石球等各种原始劳动工具和生活器具。这些石器的加工方法较为简单，一般为锤击打制，因此叫作旧石器或打制石器。然而，虽然这些简单的石器做工并不精良，又粗又大，但如果仔细观察，就会发现这些石器已经有了明显的分类分工迹象，而不再是杂乱无章地任意使用。更为重要的发现是，在同一层位中，考古人员还发现了当时人类用火的遗迹，即用火残留下来的炭屑。这表明，生活在黄河流域的旧石器时代原始人已经开始懂得使用火。当然，这个用火

的遗迹，目前还不能确定是天然火种还是人工取火，但众所周知，单纯的火的使用已经是人类发展历史上走向光明的一个巨大里程碑。我们可以充分相信，生活在旧石器时代的蓝田人已经在黄河流域点燃了文明的火种，并带着这光明的火把照亮了前方的文明之旅。

2. 丁村遗迹

丁村遗迹发现于山西省襄汾县南约五公里的丁村南的同蒲铁路两侧。1954 年在大规模发掘时，在汾河东岸共发现十个石器地点。其中，在汾河东岸的沙砾层中发现了三枚应属于十二三岁孩童的牙齿骨和一块两岁幼儿的头盖骨。经考古学家鉴定，此种人类形态应介于北京猿人和现代人之间。

此外，丁村人也已经开始制作工具。他们所使用的石器主要分布在汾河两岸，为典型的打制石器。由于做工比较粗糙，所以石器的体积一般都较大，其中最具有代表性的石器要数大棱尖状器和石球。大棱尖状器有三面和三缘，横断面近似于等边三角形，据猜测可能是用作挖掘植物根茎的器具。而石球制作更是粗糙，一般被认为是在追逐野兽等动物时，供击打投掷之用的简单工具。

（二）新石器时代

随着生产力的发展，经过旧石器时代的漫长旅程，新石器时代的黄河流域在自然造化与人类智慧的指引下，再次开创了一个举世瞩目的时代——仰韶文明。而新石器时代晚期，当父系氏族社会取代了母系氏族社会，预示着又一个黄河文明的开始。

仰韶文化在中国史前史中占据着不可撼动的重要地位。其地理范围广，时间跨度长，即使在世界范围内也是首屈一指的文明起源。

仰韶文化距离今天大约已经有五千年到七千年的历史了，由于时间跨度较大，按时期的不同和文化形态特色划分为半坡类型，庙底沟类型以及西王村三大类型，是中国新石器时代最有代表性的文明形态。其主要分布在黄河中下游一带，以河南西部、陕西渭河流域和山西西南的狭长地带为中心，东至河北中部，南达汉水中上游，西及甘肃洮河流域，北抵内蒙古河套地区。沿黄河一带延展深入，范围极其广大，遍布甘肃、陕西、山西、河南、河北、宁夏等省（自治区）。目前已经发掘出近百处文化遗址，因为其出土的文物均反映出较为统一的文化特征，因此被统称为"仰韶文化"。

河南和山西省是仰韶文化的中心地带。其发现的生产工具虽也主要为石器，但相比蓝田文明和丁村遗迹来说，已经有了实质性的飞跃。

除石器之外，仰韶文化的骨器制作也十分精美，然而最具特色的还要属红陶工艺。

仰韶文化的制陶工艺十分发达，陶器种类更是丰富多样，有盆、钵、碗、小口尖底瓶、细颈壶、罐与粗陶瓮等。其中彩陶的制作尤为优美，在陶器表面，常常用红彩或黑彩绘有形象各异、绚丽多姿的几何图案或动物花纹。人面纹、花纹、鱼纹、鸟纹等生动逼真，显示出高超的技艺水平。

此外，在生活形态上，仰韶文化已经开始了较为稳定的定居农业，而充足的水源对于农业文明来说至关重要。因此可以推断黄河的滋养在此发挥了巨大而无可替代的作用。其肥美的水土，为仰韶文化的繁衍生息提供了强大的物质自然条件，而已发掘出来的仰韶文化遗址再次证明，事实也正是如此。因为，仰韶文化所选择的聚居、耕种地址多集中于黄河沿岸河水丰富处、或两河交接地代、抑或山谷中的河边地代。其村落大小不一，房屋主要有圆形和方形两种，早期以圆形为主，而到了后期，则以方形多间房屋居多。较大的聚落，以半坡遗址保存的最为完好。其居住区在中心，外围绕一周大壕沟，沟外北部为墓葬区，东边设窑场。有一座大房子为公共活动的场所，其他几十座中小型房子则面向大房子，成半月形分布，规划整齐、井然有序。

（三）三代伟业

夏、商、周三代，黄河流域继续承载着历史发展的重任。从尧舜禅让的终结到夏的建立，再到战国风云，黄河流域始终一边尽心尽力地为她的孩子们提供

生命之源，创造着一个又一个文化时代；一边静静地见证着人类历史的马车奔驰前行。

1. 青铜文化

灿烂的黄河文明在经过漫长的岁月发展后，终于迎来了一个历史的新纪元——青铜时代。

随着生产力的不断发展，落后的石器工具早已不能满足人们日常的生产生活需要。于是，智慧的先民们在长期探索中终于找到了一种更加坚硬且易于加工的材料来制作工具，这就是"青铜"。青铜实际上是一种铜锡合金，其原色本为金黄，但由于长期掩埋在地下，受到剧烈侵蚀，使得金属表面生长出一层厚厚的绿色铜锈，因此，人们习惯称之为——青铜。

根据文献记载及现代考古发现，早在先秦三代时期，青铜便已融入生产生活之中，但使用的范围仍比较小，主要是王室贵族使用，代表器物为鼎。《史记》中司马迁就曾经有过禹铸九鼎的记载。而新中国成立后，在对河南夏墟进行考古发掘时，也曾出土了青铜残片，可见，从夏即已经开始了青铜时代。

到了商周时代，青铜时代进入了最为繁荣的兴盛时期。此时的青铜器无论是生产规模还是使用范围都有了较大的进步。而以青铜器制作的农业生产工具和手工业工具更加锋利耐用，从而使生产效率大大提高，更加促进了商代社会的发展进程。主要生产工具有锤、铲、耜、斧、刀、锯、凿、钻等等，种类十分丰富。而在商周墓葬中出土的青铜器，除生产工具外，更多要属武器和礼器。

在武器中除去刀、钺之外，最具特色的还是戈。戈由石镰发展而来，捆绑在长木柄上使用，攻击力极强，是最具中国特色的武器。此外青铜还被制成箭头，而这是一种消耗极大的兵器，从侧面说明在商代，青铜工具的产量已经相当大了。

中华自古就是礼仪之邦。礼器作为贵族阶层宴飨、祭祀、迎娶、丧葬等重大事件的必需品及身份地位的代言物，自然离不开盛行一时的青铜。各式青铜礼器种目繁多，仅装酒的器皿就有爵、角、觚、觯、觥等十余种，或硕大无比，或精巧细致，还经常在器壁表面刻有图案花纹及篆刻铭文，显示出古代劳动人民高超的冶铸技术及精湛的技艺水平。

2. 铁器文化

在青铜器占据着社会生活的方方面面之时，另一种新的生产工具也在悄悄地迈开了自己前行的步伐，并在随后的发展中逐步壮大，直至取代青铜创立了自己的历史时代——铁器时代。

黄河流域发现的最早的铁器遗物是河南三门峡虢国墓地出土的铜柄铁剑。根据其形制鉴定，此铁器与黄河流域所使用的器具形制极为相近，基本可以判定是黄河流域的人民所造。由此不难推断出，早在西周晚期，黄河流域的能工巧匠们就已经掌握了铁器的锻造冶炼方法，并将之应用于生产生活中。但由于目前像这样的铁器出土量并不是很大，可见，在西周时期，铁器在人们的社会生活中依然扮演着青铜器具的陪衬角色。然而，到了春秋时期，铁器的地位开始得到逐步提高。迄今为止，春秋时期的铁器遗址已发现十余处，且从出土的地域和器物质地来看，先进的铁器生产基地大多出现在甘肃、陕西等黄河流域地区，远远早于长江流域；同时，各种铁器的冶炼技术也得到了极大的改观且更加普及。

战国时期，冶铁技术的快速发展，最终突破了黄河流域的范围，开始向四周传播，但黄河流域的锻造技术却始终处于领先地位。其中淬火和增碳两大冶铁技术的发明，将战国铁器制造推向了高潮，更为秦汉社会铁器制造业的发展奠定了坚实的工艺基础。

（四）秦汉风流

叱咤风云的秦皇汉武，在书写着一代英雄的传奇，而黄河也继续着她的文明传奇，修筑长城、凿运河、大兴宫陵、广开渠道。黄河之水孕育了华夏子孙，更赋予了他们灵巧的双手、智慧的头脑。

1. 秦陵兵马

风起云涌的战国纷争以成就了一代雄杰秦始皇的宏伟霸业而宣告落幕。一个乱世的

终结所迎来的是一个极其短暂却鼎盛至极的盛世天下。2000年的风烟与尘土早已将昔日的繁华掩埋殆尽，一切看似风平浪静，毫无讯息。然而，生生不息的黄河文明却注定了不甘寂寞的结局。1974年，一次极其平凡的打井之举，偶然间揭开了一幅神奇而恢弘的历史画卷，从此，大秦盛世的宏伟基业在渭水河畔重现天日，瞬时成为万人惊叹的举世绝响。

秦始皇陵位于陕西省西安市东郊，整个陵墓仿照秦都城咸阳的布局加以建造，大体成回字形，而目前发掘出来的气势辉煌的秦始皇陵兵马俑只是浩大秦陵陪葬坑的一小部分，由此更可见其规模的超凡。秦始皇陵兵马俑是强大的秦国军队的缩影，更是秦国强盛国力的写照。而那些做工精美的雕刻、铸塑技艺则显示了渭水人民的智慧结晶。

2. 汉阳传奇

要想了解一个时代的发展态势、国运兴衰，那么探寻这个时代的墓葬必将会给人们的疑问提供一个生动而真实的答案。

秦朝的鼎盛如烟花般在绽放了生命最绚烂的色彩之际悄然陨落。而大汉天子们则在黄河脚下再展雄风，书写着又一个时代的传奇。

目前对汉代陵墓的发掘较多，规模等级大小不一，反映出不同阶层人民的生活状态和文化状况。如果在汉陵中选出一个最能反映汉代文化发展巅峰的代表，那么则要首推堪称与秦陵兵马俑相媲美的汉阳陵。

汉阳陵坐落在咸阳塬上，南临渭水，是汉景帝的陵墓。其内部构造仿西汉都城长安而制，规模巨大，富丽堂皇。与秦陵出土的巨型兵马俑不同，汉阳陵出土的大量陶俑体积较小，只有真人的三分之一。然而，其雕刻塑造的精湛手工艺及绚丽夺目的色彩绘制却使这些已经沉睡千年的陶俑们焕发出别样的生机，令世人惊叹。其中对陶俑面部表情的生动刻画可谓惊世一绝，工匠们在艺术的顶峰状态巧妙地捕捉了各色人物的内心世界：孩童俑像面相清新、略显稚气；成年俑像目光平和，凝练稳重，堪称中国古代雕塑艺术的上佳杰作。此外，除了生动逼真的人物刻画，在陶俑身上还发现了各式衣物的残存，然而遗憾的是，

中国著名水文景观

由于封埋时间过于久远，这些衣物并没有较为完好地保存下来，从而遗失了一条探寻汉代黄河流域生活状况及制衣水平的信息之路。

（五）唐宋之韵

1. 最美不过长安城

瑰丽的黄河文明发展到唐代迎来了超越以往的真正盛世家园。唐的极度繁荣在经济、文化、艺术等方方面面都绽放出了鲜艳的文明花朵。无论是不断进步的农业生产、日益完善的政治制度、思想升华的宗教哲学，还是盛世之韵的大唐诗词，都可以在某一领域集中体现黄河流域的文明进程。然而，观一国，不如观一城。一个发达城市往往是一个国家乃至一种文化的极度浓缩。因此观唐代文明的繁荣，仅从长安一城便可窥见一斑。

长安即西安，是我国六大古都之一，也是黄河滋养的中华明珠。它与长江、长城并称"中国三长"，足可见其在我国历史上所占据的重要地位。坐落于渭河平原的长安城有着极其优越的自然条件，八百里秦川，沃土遍野，黄河之水，绵延不绝。由于其充足的水源优势，早在唐代以前，长安就已经做过前代的都城。

长安城是唐代的政治、经济以及文化中心。从布局上看，由外郭、宫城和皇城三部分组成。皇城是唐政治统治的中心地区；而宫城则是皇家居住及皇帝颁发诏令举行朝庆大典的地方；外郭城又叫"京城"，是长安人民的生活区。规划极其规则，全城呈方格状棋盘式对称布局。12 座城门，25 条大街贯穿城市的东南西北，交错井然。城墙高大厚重，气势恢弘。由于商品经济的不断发展，长安城内的市坊开始形成并逐渐规范化，而繁华热闹的市坊生活，也正好成为了长安人民安居乐业的最好见证。

2. 沉默的开封

开封，是黄河流域的又一历史名城。然而，当如今的开封已经成为不得不仰视黄河的忠实守

卫者时，我们怎能不惊叹，黄河，你是怎样将其塑造成北宋明珠，而辉煌尽散后又是怎样将之置于釜底，沉默不语的呢？

如今到开封，给人们的第一印象莫过于仰视黄河的奇特景象。然而，就是这样一个在当今中国属于中等规模、中等发达的普通城市，在历史上却曾一度经历过奢华与繁荣，并与黄河上演了一幕幕扯不断、理还乱的情缘。

滚滚黄河水养育着开封儿女，也影响着他们的生活。地上悬河在逐年创造着自己的身高，也逐步威胁着开封。当咆哮的黄河迅猛扑来时，开封人只能选择无奈的等待，然而这等待并不是颓废，却是平静后的重新振作，营建家园。就这样，开封成了一个"地下城市"。六座古老的城市在洪水中被无情埋没。然而，也正是在这一次次的反复斗争中，开封人终究创造了一个属于开封、更属于世界的繁华之城——北宋东京城。庄严雄伟的宫殿建筑、宽阔气派的街道、鳞次栉比的田家屋舍、香火鼎盛的寺院宫观，无不诉说着东京的繁华从容。而张择端那一卷流光溢彩的《清明上河图》更是用既写实又写意的艺术手段重现了那段夺目耀眼的辉煌，从而吸引了无数羡慕的目光再次投向这古老的黄河文明。

三、黄河的忧患与治理

黄河是中国的母亲河，她善良、慈爱，滋养着华夏文明的盛世家园。然而，如此伟大而诚挚的母亲，却有着古怪的脾气，时不时地发怒，不得不让生活在她脚下的子女们敬而生畏，胆战心惊。

（一）凌汛

凌汛，是黄河特有的一个汛期，然而对于黄河沿岸的人民来说，却可以说是一种灾难。

凌汛，俗称排冰。主要集中发生在黄河上游宁蒙平原河段以及下游山东河南河段。由于黄河所处的纬度较高，在一般年份的冬季，黄河的下游河道都会结冰封河。而到了初春，河水开始解冻，这时由于处于不同纬度的河段解冻期也各不相同，上段河道封冻晚、开河早，结冰较薄；下段河道封河早、开河晚，结冰较厚。因此，在1—2月份之间，当气温升高，上段低纬度河段首先解冻开河时，下段河道还处于结冰期，从而会出现冰水齐下、冰凌堵塞河道、黄河水位上涨的情况，进而形成凌汛洪水，此时期也就被称为黄河的凌汛期。

据统计，在1875到1937年间，仅黄河下游河道因凌汛而造成黄河决口的年份就有27次。其中最为严重的凌汛灾害分别发生在1883、1897和1929年，三次凌汛给人民的生产生活带来严重的灾难——冲毁房屋，淹占农田，所到之处，苦不堪言。其每次发作都会在顷刻间让三十余座村庄化为乌有，尽成泽国。

新中国成立以后，由于加强了防护措施和防患意识，大规模的凌灾次数开始减少，然而正所谓"伏汛好抢，凌汛难防"，凌汛仍时不时地威胁着沿岸居民的生活。

黄河

由于凌汛的发生给人们带来了巨大的损失和太多的灾难，预防凌汛的发生越来越成为黄河流域的人们迫切关注的问题。

黄河现行的防凌措施主要有两大类：一类是工程性措施，一类是非工程性措施。两种方法相互补充，交替结合，目前已取得较好的成效。

加固防洪大堤，是最为基础也最为实际的工程性措施之一。提高大堤的防洪量不仅可以预防凌汛，在伏汛期也会起到相同的作用，一举两得。加固大堤毕竟不是解决凌汛危害的根本性办法，自古以来"堵不如疏"的观念就已深入人心，因此，分水分凌工程开始全面展开。将凌汛时的大量洪水分批疏导，在河道较窄的地区修建新的大堤，或修建引黄涵闸等引水工程，从而来应对凌汛的肆虐。此外，利用水库的天然蓄水优势将洪水拦截在水库之中，从而分担凌汛洪峰，也是较为常用的防凌举措。

(二) 断流

当人们还在自我陶醉，高声吟咏着"黄河落天走东海，万里写入胸怀间"的时候，却尴尬地发现一个已经不能再被忽视的问题——断流。从天而降的滚滚黄河水是如此的浩瀚，怎么会出现干涸的惨状，而黄河又将面临怎样的灾难呢？

黄河远从青海一路东行入海，其流经的绝大部分地区属于干旱、半干旱的大陆性气候区，降水集中而有限，年内分配不平均，年际变化量也很大。对于黄河来说，除了上、中游河段不断有支流汇入补充水量之外，其径流的补给主要依靠的还是天然降水。黄河流域的降水量由于各种原因在逐年减少，因而干旱问题也就越发严重。

此外，黄河所经过的流域除降水稀少的干旱半干旱地区外，绝大部分都是农业区，而农作物的生长又需要大量的水资源做养料，黄河在这一方面对于她的子女们是十分慷慨而宽容的。然而，黄河的无私付出，虽然换来了百姓的丰衣足食，却使得自己日渐虚弱，疲惫不堪。

自然原因造成的黄河断流只是基础性的因素，并不是最终导致不堪后果的决定性筹码。相反，人类在向自然进行毫无节制的极度索取时所犯下的错误，才是对黄河最致命的伤害。

漫长的历史发展进程中，人们在黄河身边生活着、劳作着。他们在用勤劳的双手和智慧的头脑改造自然的同时，也破坏了自然。乱砍滥伐、破坏植被，使原本和谐完整的生态系统在人为的强行改造下失去了善良的本真。没有了地表植被的佑护，大量珍贵的水土资源失去了安家立命的居所，水与泥沙相依相伴被迫开始了集体流失的旅程。

在中国社会，人口问题已经在诸多方面引发了人与环境之间不可调和的矛盾。其中人类生产生活中正常的大量用水以及大量不合理用水的行为必定要为黄河断流负有一定的责任。据统计，20世纪50年代初期，黄河供水地区年均耗水量122亿立方米，而到了90年代初，这个数字猛升至300亿立方米。值得注意的是，这些地区在用水剧增的同时，年均降水量反而是有所下降。由此，尖锐的供水矛盾势必给黄河造成巨大的困扰与负担，出现断流，是黄河的无奈，更是给人们敲响的警钟。

黄河的断流现象引起了人们的警醒，这无疑是一件值得欣慰的事。自然干旱我们注定无力去解决，然而，对于人为破坏生态、致使黄河发生断流惨剧的行为，我们则理应改正自己的错误。因此，无论是保护三江源生态、治理黄土高原水土问题、加大植被覆盖率还是改进灌溉技术、节约用水，控制人口增长速度、防止水污染，只要是我们力所能及的，都应不遗余力地去争取。毕竟断流不仅给黄河带来伤痛，也是对人类自身的惩罚。

（三）　水土流失

　　黄河、黄土、黄种人似乎永远都是一段相互交融、难分难解的情缘。然而，严重的水土流失却给这段美好的经历染上了一丝令人心痛的记忆。肥沃的黄河流域在常年水土流失的严重影响下，正逐渐失去原有的生命力，而黄土高原更是变得脆弱不堪。

　　要寻求黄河流域水土流失的自然成因，则不得不从黄土高原说起。九曲黄河万里沙，而这万里沙的源头就在黄土高原。

　　黄土高原地处我国干旱半干旱地区，气候干旱，降水稀少。而长时间的流水风沙侵蚀，使得黄土高原地表的土质更加疏松破碎，尤其不利于水分凝结。土壤的涵水能力是一方水土得以保持的根本，而经无限侵蚀后的黄土高原却恰恰缺少这种基本能力，从而致使被暴雨冲刷后黄土不但不能起到蓄水保沙的作用，反而极易同洪水一道顺流而下，造成泥沙俱下、水土流失的惨状。

　　正如黄河断流的原因一样，自然原因只是水土流失现象形成的基本因素，而人为因素才是导致事态发展愈演愈烈的决定性力量。人类对黄河无休止的索取，最终导致了生态环境的极度恶化，水土流失应"害"而生。

　　由于我国庞大的人口数量不断上升，对土地的需求量也随之不断增大。然而土地属于非可再生资源，面对土地，人们不可能凭空创造，只能对其进行掠夺性的开垦。大量毁林开荒、霸占牧场改农田，以及无节制地毁林开矿以满足工业生产需求，是人们选择的、自认为最快捷、最方便的途径，以保证人类不断增加的生存需要。然而，不幸的是，人们忘记了对自然如此粗鲁的做法实际上是在直接破坏生态系统的平衡。裸露的地表不断扩大，气候调节开始失常，因降水减少愈发干旱而又没有植被庇佑，必定会使水土流失的状况愈加严重。

　　黄河的水土流失虽然集中在黄土高原地区，然而，随着近年来形势的愈演愈烈，水土流失俨然已经成为整个黄河流域都不得不面对的大灾难。

　　首先，黄河源区由于受到全球气候变暖和人为破坏环境的影响，已经开始了大面积的水土流失。其水源涵养功能退化、湿地萎缩、灾害频繁，生态系统变得极其脆弱。原来为人们引以为自豪的"中华水塔"如今却面临干涸的尴尬境地。

此外，自古以来即以"西部金腰带"闻名于世的河西走廊也失去了原有的光泽，变得废弃荒凉，毫无生机。由水土流失导致的土地沙漠化进程不断加速，昔日的"丝绸之路"如今已经成为了"沙尘暴"肆虐的罪魁祸首。

当然，无论如何我们仍不能忘记黄土高原这个水土流失重灾区。其流失面积广、流失量大、流失类型复杂等多种因素，都使得黄土高原的水土治理难度大大提升。严重的水土流失不仅淤积了河沙、抬高了河床，形成了令人生畏的地上悬河，更严重影响了黄河水源的有效利用。生态恶化导致水土流失，而水土流失也在不断恶化生态环境，并且制约了社会经济的快速发展。

水土流失危害严重，治理水土问题刻不容缓。首先，必须从生态建设和可持续发展的角度出发，全力保护现有的生态环境，并逐步修补对生态环境已经造成的破坏。将退耕还林还牧落实到位，并坚持小流域综合治理的大体方针，提高植被覆盖率，从而增强水土涵养的能力，从根本上防止水土流失的扩大化。其次，我们还要在提高技术的层面，改进生产技术，开发节约灌溉的新举措，及时调整农业结构，在保护黄河水土的前提下，最大限度地使人地矛盾得以缓和。最后，合理分配水资源、杜绝水污染、水浪费也将为保持水土起到一定的帮助作用。

（四）改道风波

河流改道原本是一种较为常见的自然现象，然而提起黄河改道，人们的反应却并不能如此平静。这是因为黄河的每一次大规模改道对于黄河流域的人们来说都无疑是一场灾难。千百年来，我们的母亲河虽然慈爱地哺育着中华大地，却也会不时地乱发脾气，四处惹祸。

据不完全统计，自古至今黄河下游决口泛滥达一千五百多次，其中造成黄河改道的有 26 次，具有一定历史意义的重大改道共 6 次。以发生的时间顺序排列如下：

1. 周秦时期的黄河改道。从公元前 6 世纪到公元前 2 世纪左右，黄河开始了第一次（历史记载较为明确的）改道。此次改道源于宿胥口决口事件。在此期间，黄河流域发生了较大的变化，黄河河道开始明显南移，除由天津入海改为由河北黄骅入海之外，黄河河流也从过去较为分散的状况开始变得集中起来。由于此次决堤十分严重，给人们造成了巨大的损失。人们开始在黄河沿岸建立堤防体系，从而拉开了人为干预黄河改道的序幕。

2. 秦汉时期的黄河改道。公元前 1 世纪左右，时值我国历史上的秦汉时期，此时期的中国处于大一统的状态，国力强盛，堤防设施越筑越高。然而，此时的黄河下游已经形成了"地上悬河"，每遇伏汛期至，决口泛滥十分频繁。多次决口最终造成整个黄河河道继续南移，而入海地也由天津转至利津。

3. 东汉至唐初的黄河改道。公元 1 到 6 世纪，是历史上东汉到唐初的一段时期。在长达六百多年的时间里，以王景治河为基础，黄河实现了第三次重要的改道。在王莽建新后的近百年内，黄河洪水泛滥、屡屡决堤。为此，王景为黄河开辟了一条新的河道，其具体流经地点暂不可考，但大致流经冀鲁交界地区，从长寿津（今濮阳西旺宾一带），循古漯水河道，经范县南，在阳谷县与古漯河分流，最后经今黄河和马颊河之间，至山东利津县境入海。

4. 隋唐北宋时期的黄河改道。公元 6 到 12 世纪是黄河干流河道大体稳定但总体格局大转变的时期。由于近千年的沉积，黄河下游河口段逐渐淤高，决口改道之事逐渐频繁。尤其是北宋时期，人为干预河道的工程越来越多，然而干预失效却十分明显，甚至造成更多的灾害。1019 年，黄河在滑州决口，河水经濮、鲁、靳后入梁山泊，再入泗淮。1048 年，商胡埽绝口，黄河北流在滏阳河与南运河之间，经海河于天津入海。1060 年，大名府第六埽决口后黄河开始分流，经西汉故道于笃马河入海，被称为"东流"。

5. 从金至清的黄河改道。从金到清，黄河开始了夺淮南徙的改道路程。1128 年，由于历史上宋金战争的原因，黄河在滑县西南地区被迫实行了人为决口，这一举动使得黄河东流经豫东北、鲁西南地区，汇入泗水，夺泗入淮。从此离开了春秋战国以来的故道，不再流经河北平原。而随后的几次决口，大多也是受战争的影响，使黄河不断南下，逐渐占领了淮河全线。

6. 明清时期的黄河改道。在清咸丰年间，黄河的一次重大改道再次改变了整个黄河入海的格局。1885 年，黄河在河南兰阳铜瓦厢决口。这次决口，使黄河下游结束了七百多年由淮入海的历史，重新从渤海湾入海。然而，由于决口之时适逢太平天国运动时期，国内环境混乱，治理黄河、修筑堤防一事也就被耽误下来，直至二十多年后，黄河已经放任自流多年并选择了一条新的路线，形成了如今黄河下游河道的基本概貌。此外，在抗日战争时期，1938 年国民党以郑州花园口决堤为代价抵挡日军入侵而导致的黄河改道，对黄河流域的居民来说是一次罕见的人为灾难。

黄河改道的原因主要有两方面，一是自然原因，伏汛时期的洪水泛滥导致黄河决口。另一方面则是人为原因，除去作用于自然的人为因素，如环境破坏等，在历史上更重要且更直接的人为因素莫过于战争，比较典型的几次改道有1128 年宋金战争导致的黄河夺淮和 1938 年抗日战争时的花园口决堤。当然，更多时候，黄河改道是由自然原因和人为因素共同作用的结果，因此，为了黄河的安宁，更为了黄河流域人们的安全，我们要竭力维持黄河流域的稳定，黄河改道的事件越少越好。

每一次黄河改道无论是自然形成还是人为导致，对黄河流域的人们来说都是苦痛的经历。漫天黄河水淹没农田、村庄，其势之大甚于单纯的洪涝灾害。因此，我们必须对黄河改道予以高度的警惕。

尽可能地改造黄河地貌，尤其是黄土高原地区的地表问题，是有效防止黄河淤积改道的途径。

四、丰富的资源

（一）水资源

1. 引水灌溉

水，是人类的生命之源。然而，在地球这个 70% 的空间都被浩瀚无垠的水所占据的地方，可供人类生存发展的淡水资源却是少之又少。

黄河是中华民族的母亲河，尽管它穿越三大阶梯，地形复杂，又常年为黄沙所累，在一定程度上影响了淡水资源的利用。然而，作为古老文明的发源地，从古至今，黄河之水为人们带来的福祉却是不可估量的。

生长在黄河脚下的人们，在千百年的经验积累下，不断提高对黄河的利用效率。早在西汉时期，人们就已经在河套地区开发了引黄灌溉工程。如今，黄河平均年径流量 580 亿立方米，已经被耗用的就有 307 亿立方米，水资源的有效利用率高达 53%，这在全国的大江大河中是引人瞩目的可喜成绩。

目前，在黄河流域内已经建成大、中、小各型水库三千多座，水库总库容近六百亿立方米。而全流域的引水工程多达四千六百多处，提水工程 2.9 万处，截至目前，黄河干流所设计的引水能力已超过 6000 立方米每秒。在黄河流域，最主要的灌溉区域有三块，分别是宁蒙河套平原、汾河渭河平原以及黄河下游的平原地区。在引水工程方面，这三大片灌溉面积占全河的 70% 以上，用水量更是高达引水总量的 80%。滚滚黄河水浇灌出我国重要的粮食、棉花生产基地，更浇灌出一方生机，一方文明。

流域内及下游沿黄地区灌溉面积已由建国初期的 1200 万亩发展到现在的 1.1 亿亩，增长了 8 倍。引黄涵闸也修建了九十多座，引黄灌溉和抗旱浇地面积达三千六百多万亩，福泽豫、鲁两省沿黄 20 个地、市的百余县居民。

在农业社会，灌溉农田是水资源利用的最主要途径。随着社会的发展，现如今，黄河水的利用范围远远超过了农业生产领域，扩大到与人们生活密切相关的各个领域，如城市生活用水、工矿企业生产用水等。近年来，随着引黄济青、引黄济卫等跨流域调水的兴起，黄河水的利用再次成为人们关注的焦点。

2. 水能发电

水能在人们生活中的利用，已经不再是新鲜事了。作为新世纪的新能源，水能以其干净、能量大、可再生等优势受到了人们的欢迎。

黄河水能资源极其丰富，这与它所流经的地段有着紧密的联系。黄河横穿我国地势的三大阶梯，受地形影响，在每个河段的交接处，巨大的落差成就了黄河巨大的水能资源，各个水电站的兴建更是极大满足了人们的生产生活需求。大河上下，座座水电站如颗颗明珠，点缀着这条蟠卧中华大地的巨龙。

（1）龙羊峡水电站

龙羊峡水电站位于龙羊峡的入口处，是黄河上最高的拦河坝，因此被誉为"万里黄河第一坝"。龙羊峡大坝位于青海中部的共和县境内，"龙羊"是藏语，意为"险峻的悬崖深谷"。其峡长 40 公里，河道狭窄，狭口最窄处仅有 40 米，两岸山壁陡峭，乱石横布，水流湍急，惊涛拍岸，蕴藏着巨大的水能资源。

龙羊峡水电站从 1976 年开始兴建到 1987 年正式投入使用，历时 11 年。其主坝长 396 米，最大坝高 178 米，整体水库容量为 247 亿立方米，每年向各地区输送的电量达 60 亿千瓦时，是我国自行设计、施工的大型水利枢纽。此外还与刘家峡水电站一起，担负着黄河上游防洪、灌溉等多项任务。

（2）刘家峡水电站

刘家峡水电站，位于甘肃省临夏回族自治州永靖县，设计于新中国成立后第一个五年计划期间，建成于 1964 年，并在 1969 年 4 月首次发电。由于地处九曲黄河的第一曲河段，刘家峡水能资源极其丰富，这一优势

也使其当之无愧地成为当时全国最大的水利枢纽工程，一度被誉为"黄河明珠"。

刘家峡水库总容积 57 亿立方米，年发电量 57 亿千瓦时。40 年来，取得了巨大的经济效益。无论从总体投资比例、实际支出费用，还是劳动消耗对比，刘家峡水电站都远远胜过火力发电。并在农业扶持方面，为甘肃省的发展作出了巨大贡献。除了为其提供大量廉价的电力资源外，更带动了甘肃地区电力提灌技术的发展，灌溉效益十分显著，早在 1985 年就达到人均产粮 1 500 斤。同时水电站的多种服务也拉动了灌溉区域的多种经营和乡镇企业的繁荣发展，进一步提升了整个地区的前进势头。

(3) 三门峡水电站

在中国大型水电站行列中，三门峡水电站并不是库容量最大的一座，也不是发电量评比中的头名，但却被人们称为水利工程的"老大哥"，这是因为它是我国在黄河干流上修建的第一座大型综合水利工程。同时，也是经历最为曲折的一座水利工程。

三门峡水利枢纽位于黄河中游，始建于 1957 年，到 1960 年大坝基本竣工。三门峡水电站的发电功效在最初的时候却没有取得很好的成绩，并造成水库淤积严重的不良后果。在经过 60 年代和 70 年代两次改建后，淤积问题才逐步得到缓解。随着 20 世纪 80 年代初期"工程管理为基础，电力生产为支柱"口号的提出，三门峡水电站实现了经济效益的新突破，年发电收入可达 6 000 万元人民币。然而，如此巨大的经济效益却是建立在牺牲库区和渭河流域利益的基础之上，甚至付出了把渭河变成了地上悬河的代价。因此，在本世纪初，三门峡水电站的存废问题一度提上了政府议事日程。截至目前，对于三门峡水电站巨大水能资源的利用以及如何正确利用仍然是值得人们关注的重要问题。

(4) 小浪底水电站

黄河的绝大部分水能资源都集中在上中游，由于下游的地势比较平缓，水能资源的利用则相对较少。然而小浪底水电站的出现，却大大改善了黄河下游对水能资源的开发力度，成为三门峡以下唯一能够取得较大库容的控制性工程，具有防洪、减淤、供水、发电等综合效益。

小浪底水电站的建设较晚，是国家八五期间的规划项目，于2001年底竣工，和已建好的三门峡水利枢纽等联合运用，极大改善了下游的泥沙淤积和凌汛状况。小浪底电站装机6台，总装机容量达180万千瓦时，成为河南省电网的主力调节员。为国家其他电力建设节省投资约13亿元，且年发电收入创2.4亿元，实现了良好的经济社会效益。

（二）矿产资源

黄河流域幅员辽阔，各种矿产资源储量十分丰富，是我国名副其实的藏宝地。如果按黄河的一路流程来划分，则可以将黄河流域内的三大区域分为九大矿产基地，分别是西宁—兰州基地、银川—石嘴山基地、包头基地、晋陕蒙峡谷基地、神府东胜基地、延安—长庆基地、晋中—晋西南基地、陕晋豫基地以及黄河下游基地。这些基地的主要存储能源也是我们日常生活生产中最为常用的几种能源——煤炭、石油和有色金属。

1. 煤炭资源

黄河流域的煤炭资源主要集中在中游地区，并以丰富的储量占据着全国煤炭总量的半壁江山。素有"中国煤都"之称的山西大同以及新晋主力神府—东胜、准格尔煤田都在黄河脚下聚居，纷纷在沉睡了数千年后，化为黑色的结晶，与黄河一道成为黄河文明闪耀的一份子，并开始为勤劳、智慧的黄河流域人民提供生存发展的基础能源。

（1）神府—东胜煤田

神府—东胜煤田是目前中国已探明的最大优质煤田，同时也是世界大型煤田之一。

神府—东胜煤田位于陕西省西北部和内蒙古自治区南部，毗邻鄂尔多斯盆地腹地，是一

个连续型煤田。煤田总面积两万多平方公里，预测储量约为670亿吨，而探明储量更是高达2 300亿吨，占全国已探明储量的1/4。

集面积大、储量丰、埋藏浅、煤质好等多种优点于一身的神—东煤田在煤炭市场上极具竞争力，远景规模十分看好。2000年前后，神—东煤田正式成为我国特大型能源后备基地，顺利实现了我国能源西移的战略方针以及煤、电、油、路、港、航"六位一体"的全新格局。

黄河岸边神—东煤田，正在一步步地壮大，发展成为辐射整个中国中西部广大土地的经济源泉。

(2) 准格尔煤田

"几"字黄河逶迤盘亘，就在这"几"字的突兀处，伏卧着一条沉睡的"乌龙"——准格尔煤田。

准格尔煤田坐落于内蒙古地区，但同属黄土高原范围之内，被黄河三面包围。就是这样一个地表沟谷纵横、砂石遍布的"荒原"地带，却有着与其外表极不相符的内涵，谁也不会想到，茫茫煤海就在千疮百孔的地表下悄无声息地生存了上千年。

准格尔煤田南北长73公里，东西宽23.6公里，面积1 723平方公里。国家五大露天煤矿之一，其累计探明储量达253亿吨，可开采114年，是大自然赋予我们的巨大宝藏。

对准格尔煤田的勘探工作早在建国初期就已经开始，从20世纪50年代到80年代，经过近三十年的多方考察，准格尔项目终于在1986年正式设立，很快便在随后的几年被列入国家十大重点开发工程。

准格尔煤田的开发不仅为我国的工业建设提供了不可或缺的宝贵资源，更极大地带动了薛家湾及周边地区的社会经济发展。从80年代中期到90年代中期，短短十年间，准格尔旗的年均财政收入就增长了十多倍，人们的生活水平也随之大幅度提高。

2. 石油资源

"金"是中国传统珍宝的代名词，而到了现代社会比黄金更易得到人们珍惜重视的恐怕要数"黑金"了。所谓"黑金"，其实就是我们所熟知的石油，将石油称作"黑金"不仅生动形象、更体现了其重要的社会价值。

黄河流域是著名的中华长条聚宝带，"黑金"当然也是其家族的重要成员。其中，黄河入海口浅海区大陆架下的石油资源蕴藏量尤其丰富，成为黄河流域油田界的"大哥大"，同时拥有着一个响亮而威武的名字——胜利油田。

胜利油田地处山东北部渤海之滨的黄河三角洲地带，主要分布在东营、滨洲、德洲、济南、潍坊、淄博、聊城、烟台等8个城市的28个县(区)境内，在我国是仅次于大庆油田的第二号种子油田。

胜利油田最为突出的特色是其多种经营的发展战略。从1964年投入开发以来，胜利油田凭借其巨大资源及经济优势迅速成为带动黄河三角洲综合开发的重要经济支柱和生力军。

20世纪60年代中期到70年代末是胜利油田大会战的时期，也是开发初期。当时，以解决劳动力及家属生活问题为出发点，胜利油田即开始了发展农、副业生产与石油开采双轨并行的战略方针，初步建立起多种经营的发展模式。80年代以后，由于多种经营取得了良好的经济与社会效益，胜利油田的多种经营开始由被动的选择转变为主动寻求突破。在90年代初期，从表面上看胜利油田的原油产量似乎有所下降，然而纵观综合效益，胜利油田的多种经营已经发展到了快速增值的阶段。

3. 有色金属资源

有人说，黄河不如称为"黄金河"。确实，相比黄河流域所富含的宝贵财富来说，黄色的水质似乎并不能代表黄河真正的价值。然而，"黄金河"里却并没有严格意义上的黄金，而更多的是与黄金一般珍贵的有色金属矿产资源。

黄河流域矿产资源十分丰富，截至1990年，已探明的矿产资源就有

114 种，在全国已探明的 45 种主要矿产中，黄河流域有 37 种，占据绝对性的主导地位。除煤、石油外，黄河流域有色金属储量同样十分丰富。其中具有全国性优势(储量占全国总储量的 32% 以上)的有色金属矿产有稀土、石膏、玻璃硅质原料、煤、铝土矿、铝、耐火黏土等 8 种。产量居全国第一位的矿产资源有镍、铂、钯、锇、铱、钌、铑 7 种，而占全国产量前五位的矿产资源更是多达十多种。

黄河流域矿产资源成矿条件多样，分布广泛而又相对集中，因此开发潜力十分巨大，同时也为人们对其开采利用提供了相对便利的条件。无论是白云鄂博的稀土、铌、铁共生矿，山西孝义、保德的铝土矿还是贺兰山下的磷、铁矿，都是绝佳的能源开采基地。

随着现代化工、农业和科学技术突飞猛进的发展，有色金属在人类发展中的地位愈来愈重要。航空、航天、汽车、机械制造、电力、通讯、建筑、家电等绝大部分行业都以有色金属材料为生产基础，从而使之成为国家重要的战略战备资源乃至生活中不可或缺的消费材料。

然而，就在人们尽情享用着黄河提供给人们的宝藏的同时，人们回报给黄河的却是大规模的河水污染。

据统计，黄河流域有色金属工业污染源有 279 个，年排放污染物更多达 24.9 万吨，年排放废水量达 14.8 亿多吨，占流域工业废水总量的 47%。如此巨大的污染总量，使得黄河不堪重负，水质遭到严重破环。因此，在利用有色金属资源、大力发展工业建设的同时，如何保护黄河水资源的课题仍值得人们高度关注。

(三) 水产资源

1. 概况

提到黄河，鲤鱼跳龙门的故事早已家喻户晓。在现实生活中，鲤鱼确实是黄河水产的一大支柱。在 20 世纪 60 年代以前，黄河中游河段的鱼产量中，鲤鱼捕获量高达 60% 以上，"黄河鲤鱼"由此闻名国内。然而，到了 80 年代以后，鲤鱼的捕获量逐年下降，而鲇鱼则取而代之，成为黄河中游的主要捕鱼种类。

渔业的繁荣发展，是黄河赐予黄河人民的又一珍贵礼物。据统计，在黄河主要流经的 8 个省区内，除青海省外，从事专业、兼职渔业捕捞的劳动力达四万多人。不仅在一定程度上解决了就业问题，更极大满足了人们日常生活需求，取得了巨大的经济效益。

2. 鱼类资源分布

鱼类需要一定的生存环境，因此，鱼类资源的分布状况也因黄河不同河段流域状态的不同而不同。

黄河上游平均海拔为 3000 米，地势较高，气候寒冷，不适于鱼类生长，而河源地段内河道曲折、多草地沼泽，因此上游鱼类资源长期以来都没有得到很好的开发。

黄河主要的渔业资源都集中在中下游地势较低、气候温暖、河道展宽、水流平缓的冲击平原地带。其中，中游河套地区鲤鱼、鲇鱼资源较为丰富。而整个下游渔业资源都十分丰富，河口洄游鱼类、河道性鱼类、定居性鱼类、半咸水鱼及淡水性鱼类等都大量集中于此，为下游居民带来福音，同时也为维持下游河段的生态平衡作出了重要贡献。

黄

河

五、沿岸文化掠影

饱经沧桑的黄河依旧奔腾不息，黄河沿岸的风景则因为千百年文化积淀的装点而显得更加沉韵秀丽。如果说浓郁的历史气息让黄河在无限生机中融入一抹庄严，那么淳朴的人文特色与民族风情则让黄河在自然造化的钟灵毓秀外，多了一份悠闲自得的生活情趣。

1. 安塞腰鼓

安塞腰鼓是一种古老的击鼓艺术形式，有着很深的历史渊源，是悠悠千年黄河文化的一大象征。由于起源于我国西北黄河流域的陕北安塞地区，所以得名"安塞腰鼓"，至今已有几千年的历史。

安塞腰鼓豪放粗犷、气势雄浑的艺术风格仿佛与历尽沧桑咆哮东去的黄河浑然一体。身着传统的民族服装，腰上悬鼓，手舞绸棒，伴着那震天的鼓声，跳起雄健的舞步时，你会强烈地感觉到一种来自生命最深处的震撼力和浓烈的民族情怀。

安塞腰鼓的动作和表现风格主要分文、武两种。文者潇洒自如，舞姿优美；武者豪放热烈，雄浑粗犷。其表演方式主要分行进表演、广场表演和舞台表演。少则几人，十几人，多则数百人。有一人单打、二人对打、多人群打等多种方式；又有三角阵、四方阵、圆形阵等各种队列和图案的变化。野马分鬃、白虎甩尾、凤凰展翅、双飞燕、跳龙门等几十种花样和步伐，令观众目不暇接，耳目一新。

安塞腰鼓粗犷豪放、刚劲有力的风格，给人以很强的感染力。它可以将表演者与观众的情绪同时调动起来，形成特有的艺术魅力：人借鼓势、鼓借人威；击鼓朝天，酣畅淋漓。精、气、神无阻无碍，一脉贯通，兼具健身与陶冶情操双重功效。

安塞腰鼓之精髓在于人鼓合一。世界上没有一种乐器能够像安塞腰鼓这样使人和乐器的结合达到如此高度。它那激越的鼓声、宏大的场面、磅礴的气势、雄健的舞姿所散发出来的光芒不仅仅是艺术的表现，更流淌出黄河边上的安塞人民不屈不挠的奋斗精神以及自强不息、坚韧不拔的民族魂。

关于安塞腰鼓的起源和产生，最常见的说法是起源于战争。古代安塞是重要的军事战略要地，并因之而繁荣。因此，安塞在史书上曾有"上郡咽喉""北门锁钥"之称。自汉代以来，安塞一直是抵御外族侵扰的边防要塞之一。秦汉时期，戍守边陲的士卒，把腰鼓当作刀枪弓箭一样，作为战斗中必不可少的装备，遇到敌人突袭和异常情况，他们就击鼓报警，传递信息。两军对垒交锋时，他们又以鼓助阵；如果战斗胜利，则击鼓庆贺。直到现在安塞腰鼓在击鼓风格和装饰打扮上，仍然留有秦汉戍边将士的影子和勃勃英姿的遗风。安塞腰鼓中的狠劲和猛劲集中体现了战争中的那种威武不屈、不畏强敌、压倒一切的英雄气概。著名腰鼓活动长图"马芳困城"即以明代名将马芳的名字命名，突出表现了腰鼓在战争中的广泛影响。

随着历史的发展和时代的变迁，到宋代，安塞腰鼓得到较大的发展。苏轼曾在诗中描述："腰鼓百面如春雷。"陆游的诗中也曾写道："情歌一曲梁尘起，腰鼓百面春雷发。"这些诗句同样生动而细致地再现了腰鼓活动规模之壮观、声势之浩大、技艺之精湛。而如今的安塞腰鼓除了继承这些古老的优良传统外，也逐渐演变成一种广受欢迎的民间娱乐艺术形式。每逢佳节，安塞人民用打腰鼓的形式来表达自己祈求平安吉祥的美好愿望和抒发欢庆丰收的喜悦心情。随着中国经济的发展，今天的安塞腰鼓已经走出国门，舞向世界，以其豪迈狂野、无与伦比的气势，征服了八方观众，成为令世界人民惊叹的艺术形式。

黄河

安塞腰鼓震天动地的鼓声回应着古老黄河的奔腾咆哮，雄健豪放的舞步跳出安塞人民的精气神，人鼓合一的安塞精神必将在灿烂的黄河文明中传递不息，熠熠生辉。

2. 水车映象

在黄河文明的沿岸留下了无数的文化印记，其中水车文化便是农耕文明的重要标志之一。黄河水车雄浑壮观，立于黄河两岸，同黄河一起滋润着两岸百姓的生活，也见证了他们的历史。

黄河水车主要分布在兰州，又叫"天车""翻车""灌车""老虎车"，由明嘉靖时期段续创制，距今已有近五百年的历史。明嘉靖年间，进士段续最早创制了水车。据传段续在南方任职时对当地的筒车产生了浓厚的兴趣，在晚年回归故里后，便致力于对水车的仿制。他根据黄河地区的特点，制成适应黄河特点的水车，两岸的农民纷纷效仿，一时间黄河两岸水车林立，形成了一幅壮观的图景。

黄河的水车虽源于南方的人力筒车，但是段续利用黄河天然的冲击力，却使其成为自动提水灌溉的水利设施。一般水车轮幅直径达 16.5 米，辐条尽头装有刮板，刮板间安装有等距斜挂的长方形水斗。水车立于黄河南岸，旺水季利用自然水流助推转动；枯水季则以围堰分流聚水，通过堰间小渠，河水自流助推。当水流自然冲动车轮叶板时，推动水车转动，水斗便舀满河水，将水提升 20 米左右，等转至顶空后再倾入木槽，源源不断，流入田地，以利灌溉，成为天人合一的和谐工程。

古老的水车日夜不休地转动着，吱吱呀呀地滋润着沿岸人民的生活。水车牵系着沿河农民的生存命脉——水源畅通，则丰年在望；水源断绝，则颗粒无收。水车被创制以来，两岸的农民就不断效仿，到清朝乾隆、嘉庆年间有 150 辆，灌田 27 000 万亩。清道光年间，兰州境内及毗邻黄河两岸的地区，每隔三至五里就有水车一二辆，乃至三五辆不等，可见当时水车的发展已经达到鼎盛时期。巨大的水车林立于滚滚奔腾的黄河边上，诉说着古老民族的沧桑历史。水车已经和那时那地的人民的生活结合到一起，灌溉着农田果园，给当地人民带来生存的基本保障。

水车在吱吱呀呀的转动中不仅谱写了两岸人民的农耕生活旋律，也奏出两岸人民的文化音符。在不断的发展中，水车已经渐渐形成具有独特风格的文化，同时也成为黄河文化的重要组成部分。文人学士经常将水车作为一种文化印记，吟咏于诗词歌赋之中。而清末兰州山水画家温筱舟创作兰州八景时，更是在《莲池夜月》中留下了水车静谧的身姿。随后，水车的意象在刺绣、摄影、油画、国画等作品中不断涌现，成为黄河流域文化中不可或缺的一部分，也为中华民族的文化增添了一个亮点。

由于现代工业文明的冲击，而今的水车已不再是人们生产中的重要水利设施，而黄河水车也已大部分消失，现存的水车基本上已经丧失了原来的功用，成为一种历史遗物和文化符号。

为了留住这个曾经辉煌一时的文化现象，近几年政府又重建了不少水车，让现代人可以体验追忆古老的文化魅力。因此，如今的黄河水车既年轻又古老，作为黄河文化的象征，留声机般吟唱着充满魅力的黄河文化。

中国名泉

　　我国有数以千计、千姿百态的碧水清泉，其中水质好、水量大或因水奇泉怪而闻名遐迩的"名泉"有百处之多。泉水滋养了人类的生命，更美化了中华大地：温泉四季如汤；冷泉刺骨冰肌；喷泉腾地而起，水雾弥漫；间歇泉时淌时停，含情带意……这些名泉，均对风景名胜有锦上添花之妙，享誉中外。自古以来，很多文人墨客品水题留，有数泉以著名历史人物的名或号命名，如湖北宜昌的陆游泉、杭州西湖的六一泉等，更是让游人流连忘返。

一、名泉与中华文明

涓涓泉水，不舍昼夜，在人类文明史上是不容忽视的。古人多逐水而居，而泉水大多是江河湖泽之源，是江河湖泽的重要补给来源，如山西晋祠的难老、善利、圣母三泉是晋水的源头，河南卫辉的百泉是卫河的源头，山东珠龙泉、秋谷泉、良庄泉是孝妇河的水源；济南的大明湖由城内诸泉会聚而成，而在远离河流的山区或是丘陵地带，泉水就更显得弥足珍贵，或是重要的饮用水源，或用于灌溉田地，甚至是造就一方文明的重要因素。

（一）泉对人类的恩惠

1. 饮用之利

泉水因矿化度低、水质清洁、甘洌醇厚、水温稳定而成为人们理想的饮用水源。古往今来，泉区人民都以泉水为生活用水之源，就连封建帝王，也对甘醇的泉水情有独钟，如北京的玉泉水，因其水质上佳，在明清两代一度成为宫廷皇室用水专供水源。

名泉总与名茶、好酒相随。我国茶文化发达，而泉水往往是煮茶用水的最佳选择，茶与泉水相得益彰，珠连璧合，才能称之上品。许多名泉如谷帘泉、玉泉、惠山泉等之所以有名，与历代茶人品茶论水的推崇有直接的关系。而上

佳的泉水较河湖等地表水而言，具有水质清洁、味美甘醇、矿化度适中的特点，成为佳酿的重要条件，谚曰：名泉出名酒，许多名酒如贵州的茅台、山西的汾酒等，都离不开当地泉水的甘醇。

2. 灌溉之便

泉对农业而言，是灌溉重要来源之一，可以惠于一方。有"山西小江南"之誉的晋祠灌区，利用晋祠中难老、善利等汩汩流出的泉水，灌溉着周围的良田。据《太平寰宇记》载："开皇六年，引晋水溉稻田，周回四十一里。"至今仍挂在晋祠圣母殿两侧的对联亦这样写道："溉汾西千顷田，三分南七分北，浩浩同流，数十里涺之不浊；出瓮山一片石，冷于夏温于冬，冽冽有本，亿万年与世长清。"

3. 游玩之所

凡有泉的地方一般都是景色秀美之所在，泉涌或成涧溪，或成瀑布，或潴积成潭池，而且往往与泉区的青山碧树、亭台楼阁等景观相映衬，成为一方名胜。许多名泉都凭借优美的自然风光和人文景观成为闻名遐迩的游览胜地。如"泉城"济南，自古以来，泉水不仅为居民生活提供了源源不断的清流活水，更留下了无数风景胜境。

金代立"名泉碑"，列七十二泉，济南因此有"泉城"之名。济南之泉主要由趵突泉、黑虎泉、珍珠泉、玉龙潭四大泉群组成。众泉之中，除了有天下第一泉盛誉的趵突泉外，珍珠泉是济南的又一著名胜迹。泉池约一亩见方，泉水明净清澈，一串串水珠从泉底涌出，如珠如玑，故名珍珠泉。人们形容这里的景观是"跳珠溅雪碧玲珑"。而由珍珠泉、芙蓉泉、王府池等诸泉水潴集而成的大明湖，一湖烟水，荷花映日，绿

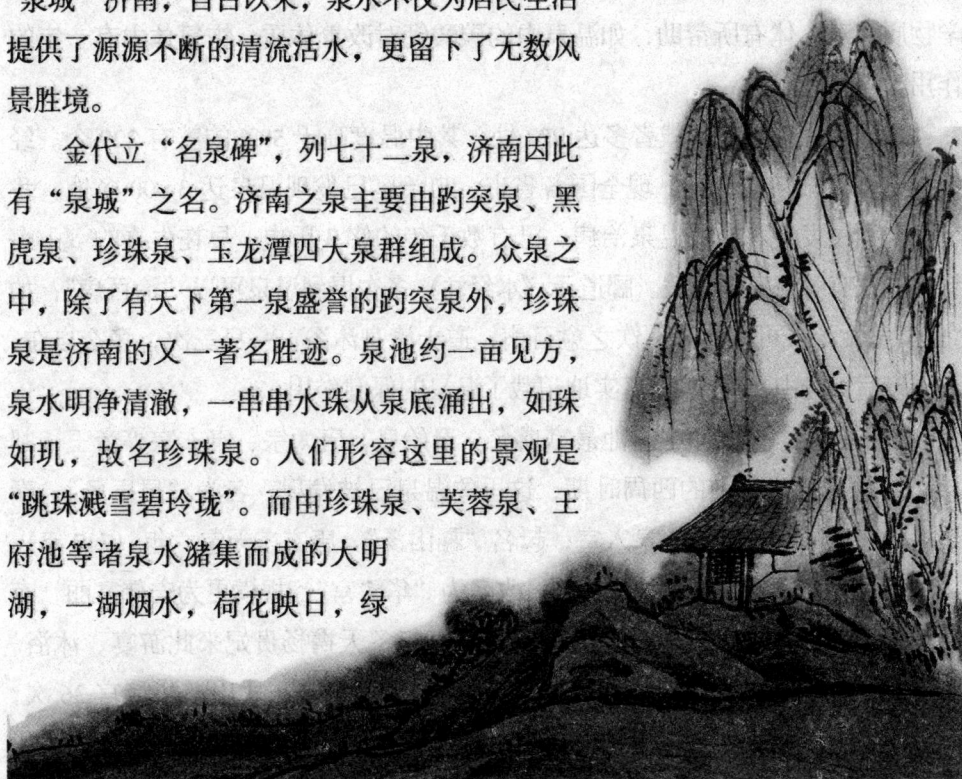

树蔽空，景色绝佳。清人刘凤浩吟咏这里的景色道："四面荷花三面柳，一城山色半城湖。"

江西庐山幽谷深涧，多深潭名泉，如谷帘泉、招贤泉、龙池山顶泉、小天池泉、聪明泉等泉水，清醇甘洌，给清秀的庐山平添了生机与灵气，成为让游人流连忘返的重要景观。而享有天下第一、第二泉之盛誉的名泉，不论是趵突泉、中泠泉、谷帘泉，还是玉泉、惠山泉，都是游玩的好去处。

4. 温泉祛病

资料表明，温泉热浴不仅可使肌肉、关节松弛，消除疲劳；还可扩张血管，促进血液循环，加速人体新陈代谢。此外，大多数温泉中都含有丰富的化学物质，对人体有所帮助，如温泉中的碳酸钙对改善体质、恢复体力有一定的作用。

我国温泉有文献记载者多达 972 处，其中温度高于 50℃ 的就有 229 个。经地质普查，据初步统计，现全国各省市、自治区已发现温泉达 3 000 多处。我国劳动人民发现和应用温泉治病，已有数千年的悠久历史。早在先秦的《山海经》里就有对温泉的记载。郦道元《水经注》多次提到温泉可以"治百病"，如"鲁山皇女汤，可以熟米，饮之愈百病，道士清身沐浴，一日三次，多么自在，四十日后，身中百病愈"，真实地记载了温泉的保健作用。

众多温泉，以陕西华清池最富盛名。秦始皇、唐太宗、唐玄宗等帝王，都与之结缘。2700 年前的西周时期，这里的温泉已被发现，名为"星辰汤"。秦始皇曾在此修筑离宫，引泉入室，起名"骊山汤"。唐玄宗天宝六年（747 年），又在此大兴土木，就山势兴建行宫，改名为"华清宫"，规模更为宏伟富丽，有二阁、四门、四楼、五汤、十殿。唐玄宗每年冬天携杨贵妃来此游宴、沐浴。从开元二年到天宝十四年间（714—755 年），唐玄宗共正式出游华清宫 36 次，临时短期出游不计其数。诗人白居易曾在名诗《长恨歌》中赋："春寒赐浴华清池，温泉水滑洗凝脂。"

（二）名泉与诗文

名泉胜迹，多美文佳作、名人趣事逸闻，这无疑增添了名泉的魅力，大大丰富了华夏泉文化的内涵。

趵突泉名满神州，留下的题咏无数。曾巩、李清照、赵孟頫、蒲松龄、吴伟业等都曾为之题词吟咏。元代大书画家、诗人赵孟頫曾出任同知济南路总管府事，他写过一首题为《趵突泉》的七言律诗，诗曰："泺水发源天下无，平地涌出白玉壶。谷虚久恐元气泄，岁旱不愁东海枯。云雾润蒸华不注，波涛声震大明湖。时来泉上濯尘土，冰雪满怀清兴孤。"作者以清新的笔调着力渲染了趵突泉喷涌不息、波涛激荡的气势。还有一副无名氏题的楹联写趵突泉，堪称神来之笔："空洞洞天，作飞飞响。活泼泼地，故源源来。"泉水奔腾跳跃，水声飞飞上扬。清泉从平地涌出，喷涌若轮，地也因此而活泼。成此若云沸之势，皆因为有源头活水来。楹语不多，却极为生动形象地表现出趵突泉的天然灵秀和神韵。

再如山西晋祠之中的难老泉，景色甚佳，历代名人多咏颂。诗人李白曾作《忆旧游寄谯郡元参军》一诗，用比喻与白描的手法渲染了晋水之美，其中"晋祠流水如碧玉"、"微波龙鳞莎草绿"、"百尺清潭写翠娥"等句，都是脍炙人口的名句。其他如明代杨基的《观晋祠泉》、孙玉的《游晋词》、清代王尔详的《难老泉和韵》、于汉翔的《难老泉》等诗文，也从不同角度描写泉水之秀美。

其他名泉也多有诗文的题咏。如唐人李端咏山西霍泉道："碧水映丹霍，

溅溅度浅沙。暗通山下草，流出洞中花。"（《霍泉》）宋代苏东坡咏虎跑泉道："亭亭石塔东峰上，此老初来百神仰。虎移泉眼趋行脚，龙作浪花供抚掌。至今游人灌濯罢，卧听空阶环玦响。故知此老如此泉，莫作人间去来想。"（《虎跑泉》）清康熙皇帝咏中泠泉道："静饮中泠水，清寒味日新。顿令超象外，爽豁有天真。"

（三）名泉与神话

由于认识水平有限，古人认为泉乃"天赐之物，地藏之源"，把泉水看作上天的恩赐，看作神水。于是，与名泉相关的美丽动人的神话传说，给名泉平添了丰富多彩的文化内涵。

有天下沙漠第一泉之称的敦煌月牙泉，人们对其流沙永远填不住清泉的神奇作出的解释是：相传在很久以前，敦煌一带是一望无际的大戈壁，没有鸣沙山，也没有月牙泉。有一年这里大旱，树木庄稼都枯死了，老百姓干渴难忍，哀声遍野。美丽善良的白云仙子路过这里，听到人们这撕心裂肺的哭声，禁不住掉下了同情的眼泪。泪珠落地化为清泉，解救了在干渴中挣扎的百姓。为了回报白云仙子的大恩大德，人们修了五座庙宇供奉白云仙子。没想到这一举动惹恼了神沙观里的神沙大仙，他抓起一把黄沙一扬，想化作沙山埋掉清泉，赶走夺他香火的白云仙子。后来白云仙子从嫦娥那里借来一弯新月，新月降至鸣沙山的谷地化为清澈的月牙泉。神沙大仙刮起大风吹动流沙去填月牙泉，嫦娥用法术把填泉的沙吹上山顶。后来，任凭神沙大仙使尽妖术填泉，但那一泓清泉始终安然无恙，气得神沙大仙咆哮如雷，沙山因此而鸣响。

济南的珍珠泉也颇具传奇色彩。人们传说，珍珠泉的串串"珍珠"是当年舜的两个妃子——娥皇和女英的眼泪所化。远古时代，历山（今千佛山）下出了一个大贤人——舜，他自小就跟着当地百姓在山下耕种，在群体生活中逐渐显示出超人的品格和才能，三十多岁就被人们推举为首领。尧听说后把自己的两个女儿娥皇和女英嫁给舜，以后连国君之位也禅让于舜。舜勤于政事，常四方巡视。有一年，舜远行南方，而山东一带遭受了大旱，娥皇、女英便带领父老兄弟早晚祈祷上天降雨，但姐妹二人膝盖跪出了血，天空仍没有一丝云影。姐妹俩又带领大家向龙王要水，人人双手都磨出血泡，终于挖出一口深井。正在这时，南方传来舜帝病倒于苍梧的消息，娥皇、女英当即起程南行。看着挥泪话别的人们，她们禁不住串串泪珠洒落大地。突然，"哗啦"一声，泪珠滴处，冒出一股股清泉，泉水如同一串串珍珠汩汩涌出，这就是今天的珍珠泉。后人有诗曰："娥皇女英异别泪，化作珍珠清泉水。"

吉林长白山温泉，水温高达摄氏七八十度，一年四季涌动不息，即使在严寒的冬季，温泉水依然流淌在皑皑的白雪中。对于这里温泉的形成，当地流传着一个生命化温泉的动人故事。据说在很早的时候，这里的泉水不是热的，而是凉的。一年冬天，一个赶车的把式路过此地，路遇一位饥寒交迫的老人。善良的车把式不但将自己的干粮送给老人吃，还找来柴草给老人生火取暖。车把式自己又渴又饿，只好吃雪解渴充饥。老人非常感激车把式的善举，便从火里抽出柴禾，想烧化冰封的泉眼，弄出些泉水来喝。可是烧了半天毫无成效。最后，老人乘车把式不注意，双手抱起柴禾，咕咚一声跳进泉眼里去了。一会，就见泉水咕嘟、咕嘟地翻着花，像开锅般冒着热气，滚滚地流了出来。人们说，是老人的生命化作了奔涌不息的温泉水。

有"关外第一泉"之称的河北赤城温泉，关于其由来，有一个美丽的传说:古时，天上有12个太阳炙烤大地，一个叫二郎的小

伙子力大无穷，担起 12 座大山追太阳。追上一个就用大山压住，当剩下最后一个太阳时，勇敢的二郎累死了，天上就剩下如今这一个太阳了。而那 11 个太阳中的一个就压在赤城，底下的泉水被太阳烤热，就成了现在的温泉。温泉附近有两座小山，人称二郎墩，传说是二郎歇脚时，从鞋里倒出来的沙子形成的。

（四）名泉与风物民俗

在神州大地上，许多地名、人名、风土人情等都与泉水有关，可见泉水对人们生活的许多方面都有着深刻的影响。

许多地方以泉闻名，如"泉城"济南，城区内外 2.6 平方公里的区域内，计有 108 处清泉涌流，不但泉眼众多、泉量巨大，而且泉质上佳。元代于钦《汇波楼记略》云："济南山水甲齐鲁，泉甲天下。"再如福州，因温泉数量多、水质佳，而有"温泉之城"之名。历史文化名城泉州，其"泉州"城名，顾名思义，无疑也是由泉而得。泉州的清源山，位于泉州市北郊，山势巍峨挺拔，翠峰层叠，绵亘数十里，宛若一道翠障，拱卫着泉州古城。山上奇岩怪石，林泉洞壑，风景十分秀美，山上有孔泉，泉清而甘美，又名虎乳，据传泉州"乃因清源山之虎乳山泉湛然澄清而得名"。甘肃酒泉市之名，也与"酒泉"泉水之名有关。酒泉位于酒泉市东关酒泉公园内，酒泉古称"金泉"。据《汉书·地理志》载，"其水若酒，故曰酒泉"。民间传说，汉武帝时，骠骑大将军霍去病在河西走廊大胜匈奴。汉武帝闻讯后，专门派使者从京都长安送御酒十坛到军前，以表彰霍去病的赫赫战功。霍去病爱兵如子，不愿独享御酒。但酒少人多，不够分配。于是便将御酒倒入泉中，与将士们在泉边一起畅饮"泉酒"。此后金泉改名为"酒泉"，此地也改名为

"酒泉"。另外，河北承德古称热河，其名源于避暑山庄内的热河温泉流涌形成的河流——热河。

以人名闻名的名泉，也不计其数。如江西上饶的陆羽泉，湖北宜昌的陆游泉，杭州西湖的六一泉，山东淄博的柳泉，等等。陆羽泉又名"天下第十四泉"，位于江西上饶广教寺内，"茶圣"陆羽曾在广教寺隐居多年，在此开凿一井泉，当时品为"天下第十四泉"。传说陆羽曾在此作传世名作《茶经》，后人为了纪念他而称其为陆羽泉。陆游泉位于长江西陵峡山腰，距宜昌市约10千米。泉水清澈如镜，透亮见底，不枯竭，冬不结冰，取而复满，常盈不溢，用其煮茶，醇香适口。南宋大诗人陆游因家国沦陷、报国无门，曾寄情于此，品茶赋诗："汲取满瓶牛乳白，分流触石珮声长。囊中日铸传天下，不是名泉不合尝。"泉由是得名"陆游泉"。六一泉位于杭州西湖孤山南麓，为宋代文学家苏轼于元祐四年（1089年）任杭州知府时，为纪念诗人欧阳修（号六一居士）而命名。柳泉位于山东淄博市蒲家庄东螯沟中，沟内绿柳成荫，故名"柳泉"。相传当年蒲松龄（自号柳泉居士）为写《聊斋志异》一书，曾在此设茶待客，与人谈狐说鬼，搜集创作素材。

有些名泉，被赋予了一定的道德和伦理意趣。贪泉位于广州市西北15千米的名胜石门。史载，人如果误饮贪泉就会贪婪成性。廉泉位于合肥包公祠内，是为了纪念为官清廉、铁面无私的一代名臣包拯而掘的。盗泉，坐落在今山东泗水县的东北，《淮南子·说山训》说："曾子立廉，不饮盗泉。"旧常以"盗泉之水"比喻以不正当的手段获取的东西。

二、名泉的分类

泉的分类方法很多，按照泉水出露时水动力学性质可将泉分为上升泉和下降泉两大类。上升泉由承压水补给，在泉出口附近水流在压力作用下呈上升运动，冒出地面，有时可喷涌高出泉口数十厘米。上升泉流量比较稳定，水温年变化比较小，如趵突泉。下降泉潜水或上层滞水补给，地下水在重力作用下溢出地表，在出露口附近水流往往做下降运动，一般从侧向流出，泉水流量和水温等往往呈明显的季节性变化。

此外，按泉的涌出状态，可分为长流泉和间歇泉；按泉的成因可分为：接触泉、侵蚀泉、溢出泉和断层泉；按含水层的空隙状态可以分为：岩溶泉、溢隙泉和孔隙泉；按泉水的温度，可分为冷泉和温泉，我国一般以 25℃为界，泉水温度低于 25℃的称冷泉，高于 25℃的则称温泉，具体来说，按温度又分冷泉（低于 25℃）、微温泉（25℃—33℃）、温泉（34℃—37℃）、热泉（38℃—42℃）和高热泉（高于 42℃），不难看出，这是根据人对水温的适宜度来划分的。一般来说，名泉更注重的是人文因素和景观价值，为了叙述的方便和逻辑的清晰，本书按冷泉和温泉来对名泉归类，有特色的名泉则又独立成章。

三、三大名泉

(一) 不分伯仲的天下第一泉

广袤的神州大地,名泉星罗棋布。就拿冷泉来说,仅被称为"天下第一泉"的就有好几处,"天下第一泉",本应该是普天之下独一无二,然而,事实并非如此,被称为"天下第一泉"的名泉有:江西庐山的谷帘泉、江苏镇江的中冷泉、北京西郊的玉泉、山东济南的趵突泉、四川峨眉玉液泉等。各泉因评定方法不同,加之地域限制、社会历史、文化风俗等因素影响而享有美誉,因而美誉的由来是不同的。谷帘泉因"茶圣"陆羽遍尝天下名泉而以谷帘泉为最佳得名;而据唐朝张又新著《煎茶水记》载,镇江的中冷泉排名第一;北京玉泉山的玉泉,则传说是乾隆皇帝命人收集全国名泉水样,用称量的方法与玉泉水进行比较,结果玉泉水最轻,所含杂质最少,水质最佳,故而又称"天下第一泉";后来又传说清乾隆皇帝南游途经济南时品饮了趵突泉水,觉得比玉泉水更加甘洌爽口,于是赐封趵突泉为"天下第一泉";玉液泉则被苏轼、黄庭坚等称为"第一泉"。

1. 谷帘泉

谷帘泉位于庐山主峰大汉阳峰南康王谷中(今星子县境内)。康王谷又名庐山垅,位于庐山南山中部偏西,是一条长达7千米的狭长谷地。《星子县志》载:"昔始皇并六国,楚康王昭为秦将王翦所窘,逃于此,故名。"康王谷中那条溪涧的源头,就是谷帘泉。谷帘泉又称三叠泉、三级泉,当地百姓也称之为"渊明醒酒泉"。谷帘泉来自大汉阳峰,从箐箕注破空跌落于枕石崖上,流水与岩石相碰撞,激起水珠喷洒飞溅,如雨如雾,纷纷数百缕,恰似一幅琼布悬在山中,在阳光下五光十色,晶莹夺目。

相传唐代"茶圣"陆羽将天下名水排出二十品次，将谷帘泉列为天下第一泉。陆羽以嗜茶著称，撰世界第一部研究茶叶专著《茶经》，世称"茶圣"，他对泡茶的水很有研究。他遍游祖国的名山大川，品尝各地的碧水清泉，按冲出茶水的美味程度，将泉水排了名次，确认庐山的谷帘泉为"天下第一泉"，江苏无锡的惠山泉为"天下第二泉"……陆羽还两次结庐隐居于康王谷，从事品茶鉴水的研究活动。谷帘泉经陆羽评定，声誉倍增，驰名四海。

庐山有一大名产，即驰名海内外的庐山云雾茶。这种茶在生长过程中因受到山上长时间的云雾滋润，其芽叶肥壮，叶质嫩软，白毫显露，浓郁清香。如果说杭州有"龙井茶叶虎跑泉"双绝的话，那么，庐山上的"云雾茶叶谷帘泉"也被茶界称为珠璧之美。

谷帘泉位于康王谷底，笃里钱村右下方，与筲箕洼毗邻。泉水源自汉阳峰，据志书记载："泉水西行为枕石崖所阻，湍怒喷涌，散落纷纭，数十百缕，斑驳如玉帘，悬注三百五十丈，故名谷帘泉，亦匡庐第一观也。"自从唐代陆羽寻访庐山，踏勘此地，曾说"谷帘泉水为天下第一"以来，吸引了不少文化精英慕名而至。

谷帘泉瀑崖高数十米，宽十几米，崖壁腹部平整稍凸，飞瀑能依壁而下形成"帘"式结构，"帘"与"帘"之间，以水柱相隔，初分五道，至中部，复成七道，中无空隙，形成统一的特大的"帘"体。又因泉流下泻迅疾，互相摩擦碰撞，迸发出千万颗微型粒状水珠，故人们称其为"谷帘泉"，十分形象而生动地概括了这一奇观。其左侧崖壁刻"天下第一泉"五个大字，实在是为这一奇观壮色的神来之笔。从美学角度看，在观瀑亭观瀑，有迷离朦胧之美；在石桥观瀑，直面巨瀑飞流奔泻而下，则有雄奇豪放之美；立于仰止亭上层观瀑，有淋漓通畅之美；而坐于仰止亭下层，身倚栏杆，悠闲仰观，则又有飘逸飞动之美。人与自然，在此达到高度的和谐统一。

由于谷帘泉四周山体多由砂岩组成，加之当地植被繁茂，下雨时，雨水通过植被，再慢慢沿着岩石节理向下渗透。最后，通过岩层裂缝，会聚成一泓碧泉，从涧谷喷涌而出，倾泻入潭。所以，历史上众多名人墨客，都以能亲临观赏这一胜景和亲品"琼浆玉液"为幸。古人曾称山泉水有"八大功德"：一清、二冷、三香、四柔、五甘、六净、七不、八蠲疴，这就是说，山泉水清澈透明，甘洌香润，少杂质，无污染，有益身体健康，这八大优点，谷帘泉都已具备，自然成了上好水品。

康王谷中涧流淙淙，清澈见底，酷似陶渊明著的《桃花源记》中"武陵人"缘溪行的清溪。康王谷离陶渊明故里仅 5 千米，相传陶渊明晚年时曾在此度过一段清苦而恬静的生活。康王谷口在星子观口，由此入坳，山重岭复，溪涧引路，松林掩映。路回溪转约 5 千米后，地势豁然开朗，峡谷中有村舍田园、茂林修竹、桃红李白、阡陌交纵间，男女衣着朴素，耕作劳动，仿佛就是陶渊明构想的桃源境界。

宋代名士王安石、朱熹、秦少游、白玉蟾等都饶有兴趣地游览品尝过谷帘泉水，并留下了绚丽的诗章。

2. 中冷泉

镇江中冷泉，又称扬子江心第一泉或南零水、中零泉、中濡泉，意为大江中心处的一股清冷的泉水，位于江苏省镇江市金山寺以西约 500 米的石弹山下。中冷泉自唐代被品茶鉴水名家刘伯刍评为"天下第一泉"以来，一直享有盛名。

中冷泉原为江心泉，唐宋时，金山还是"江心一朵芙蓉"，中冷泉也处于长江漩涡之中。据记载，以前泉水在江中，江水来自西方，受到石牌山和鹘山的阻挡，水势曲折转流，分为三冷（南冷、中冷、北冷），而泉水就在中间的一个曲水之下，故名"中冷泉"。因位置在金山的西南面，故又称"南冷泉"。由于长江水势浩大，波涛汹涌，水深流急，所以汲取中冷泉极为困难，据传打泉水需在正午之时用绳子将带盖的铜瓶子放入泉中，然后迅速打开盖子，

才能汲到真正的泉水，故陆游游金山时曾发出"铜瓶愁汲中濡水，不见茶山九十翁"的感叹。沧海桑田，岁月推移，长江主河道北移，南岸的江滩不断沉积扩大，清咸丰、同治年间，中冷泉遂随金山登陆，由江心泉变成了陆地泉，现在泉口地面标高为4.8米。

中冷泉位于长方形的石池内，该池由大石块垒砌而成，四周围有石栏，池内石壁上镌刻着"天下第一泉"五个大字，系清代镇江知府、书法家王仁堪所书，与金山寺楼阁相映成趣。清澈的泉水源源不断从池底涌起，终年不竭。池旁盖楼建亭，池南建有一座八角亭，双层立柱，直径7米，十分宽敞，取名"鉴亭"，是以水为镜，以泉为鉴之意。亭中有石桌石凳，供游人小憩，十分风凉幽雅。池北建有两层楼房一座，楼上楼下为茶室，环境幽静，林荫覆护，风景清雅，是游客品茗的绝佳之处。

中冷泉宛如一条戏水白龙，自池底源源不断地涌出，泉水"绿如翡翠，浓似琼浆"，甘洌醇厚，特宜煎茶。据史载，唐陆羽品评天下泉水时，中冷泉名列全国第七，陆羽之后的后唐名士刘伯刍在品尝了全国各地沏茶的水质后，把宜茶的水分为七等，扬子江的中冷泉依其水味和煮茶味佳名列第一，从此中冷泉被誉为"天下第一泉"。用中冷泉水煮茶，清澈甘香，饮之其味难忘。相传有"盈杯之溢"之说：贮泉水于杯中，由于泉水表面张力较大，水面放一枚硬币不见沉底；泉水可高出杯口1—2毫米而不外溢。

中冷泉被称为"天下第一泉"，还与当时提取泉水极为不易有关。据《金山志》记载："中冷泉在金山之西，石弹山下，当波涛最险处。"苏东坡也有诗云："中冷南畔石盘陀，古来出没随涛波。"由此可以想见，当时中冷泉于滔滔长江水面之下，时出时没，而江水水势汹涌，急涡巨旋，使汲中冷水极为困难。

自唐以来，达官贵人、文人学士，或指派天下代汲，或冒险自汲，都对中冷泉表现出极大兴趣。南宋名将文天祥畅饮用镇江中冷泉泉水煎泡的茶之后，豪情奔放赋诗一首："扬子江心第一泉，南金来北铸文渊。男儿斩却楼兰首，闲品茶经拜羽仙。"南宋爱国诗人陆游曾到此，留下了"铜瓶愁汲中濡水，不见茶山九十翁"的诗句。宋初李昉等人所编的《太平广记》一书中，就记载了李德裕曾派人到金山汲取中泠水来煎茶。到明清时，金山已成为旅游胜地，人们来这里游览，自然也要品尝一下这天下第一泉。

据载，清同治（1862—1874年）年间，原屹立于长江江心的中泠泉变为陆地泉。中泠泉上岸后曾一度迷失，后于同治八年（1869年）被候补道薛书常等人发现，遂命石工在泉眼四周叠石为池，并由常镇通海道观察使沈秉成于同治十年（1871年）春写记立碑，于池南建亭，池北建楼。光绪年间，镇江知府王仁堪又在池周造起石栏，池旁筑亭榭，并拓池40亩，开塘种植荷芰，又筑土堤，种柳万株，抵挡江流冲击，使柳荷相映，成为秀丽一景。

3. 玉泉

玉泉位于北京颐和园以西的玉泉山南麓，泉水澄洁似玉，自石雕的龙口中喷出，白如雪花，曾名为"喷玉泉"。玉泉所在的山上洞壑迂回，景色优美，下泻泉水，艳阳光照，宛若玉液奔涌，翠虹垂天，"以兹山之泉，逶迤曲折，蜿蜿然其流若虹"名之"玉泉垂虹"，为明代"燕京八景"之一。清康熙皇帝在玉泉山修建澄心园（后更名为静明园），影响到玉泉山的地理环境，导致宛若彩虹倒垂的泉水变成了"喷薄如珠"，所以乾隆皇帝将它改名为"玉泉趵突"。

玉泉水质优良，用此泉水沏茶，色、香、味俱佳。明清两代，均为宫廷茗饮御用泉水。

古代，人们常以水之轻重衡量水质，轻者优，重者劣，所谓"质贵轻"就是这个意思。清乾隆皇帝嗜茶如命，又雅好评水鉴泉。据传，他认为比重越轻泉水越佳，为验证水质，命太监特制一个银质量斗，用以称量全国各处送京的名泉水样，经过反复比较，玉泉水的比重最轻且水质甘洌，含杂质最少，被评为第一，故被乾隆赐封为"天下第一泉"。乾隆亲题"天下第一泉"碑，并雅性十足地记文："两山泉皆澌流，至玉泉山势中豁，泉喷跃而出，雪涌涛翻，济南趵

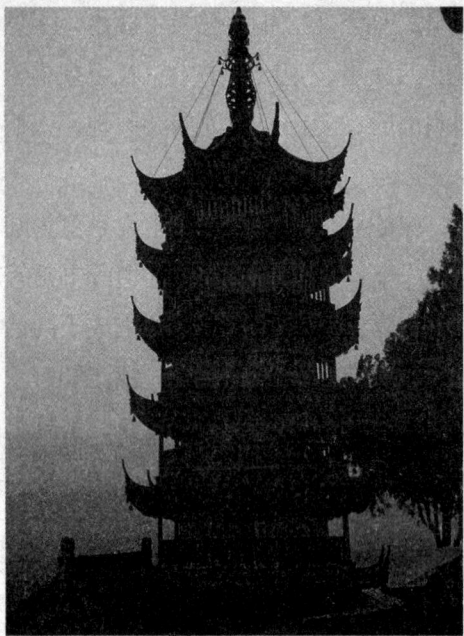

突不是过也。向之题八景者，目以垂虹，失其实矣。爰正其名，且表天下第一泉，而为之记……水之德在养人，其味贵甘，其质贵轻。朕历品名泉，实为天下第一。"并将记文交由户部尚书、书法家汪由敦书写刻碑，立于泉旁。玉泉自此以"天下第一泉"闻名。

玉泉水"水清而碧，澄洁似玉"，故称玉泉，而玉泉周围的景色，亦合"燕京八景"之实，旧有诗云："碧障云岩喷玉泉，长流宁是瀑流悬。遥看素练鸣秋壑，却讶晴虹饮碧川。"可谓恰切。玉泉山六峰连缀，逶迤南北，属西山的支脉，其山"土纹隐起，作苍龙鳞，沙痕石隙，随地皆泉"，自然风景十分优美。

玉泉山下有静明园，为辽代玉泉山行宫和金代芙蓉殿行宫遗址，相传金章宗曾在此避暑。元世祖在此建昭化寺，明英宗时又添建上下华严寺，清顺治二年（1645年）重修，改名澄心园。康熙十九年（1680年）增修很多园林建筑，于康熙三十一年（1692年）改称今名。

玉泉流量大而稳定，曾是金中都、元大都和明、清北京河湖系统的主要水源。元代，引玉泉之水注入昆明湖，沿金水河流入大都，作为宫廷专用水源，一直沿袭到清初。元代陈孚、明代金幼孜均有《玉泉垂虹》诗。明代邹缉在《北京八景图》中说："山有石洞三，一在山之西南，其下有泉，深浅莫测。一在山之阳，泉自山而出，鸣若杂佩，色如素练，泓澈百顷。鉴形万象，莫可拟极。一在山之根，有泉涌出，其味甘洌，门刻玉泉二字……"他又赋诗，改"玉泉垂虹"为"玉泉飞虹"。

清代，康熙《宛平县志》改"玉泉飞虹"为"玉泉流虹"。乾隆初来时曾写《玉泉垂虹》诗，后来多次观察后，认为泉水是从石缝中流出，并没有形成瀑布，不能叫"玉泉垂虹"，而泉水"喷雾如珠"，很像济南的"趵突泉"，他觉得"玉泉垂虹"不贴切，乾隆十六年（1751年），改名为"玉泉趵突"并写诗说：

中国著名水文景观

"玉泉昔日此垂虹，史笔谁真感慨中。不改千秋翻趵突，几曾百丈落云空！廊池延月溶溶白，倒壁飞花淡淡红。笑我亦尝传耳食，未能免俗且雷同。"

4. 趵突泉

济南是著名的泉城，素有"家家泉水，户户垂杨"之称，有关泉水的记载，最早见之于《春秋》，其泉主要由趵突泉、黑虎泉、珍珠泉、五龙潭四大泉群组成，每一泉群又由数泉构成。众泉之中，趵突泉有"天下第一泉"的盛誉。金代有人立"名泉碑"，列名泉72处，趵突泉为72泉之首。趵突泉发源于济水的源头王屋山太乙池，清代文学家蒲松龄在《趵突泉赋》中一开头就说："泺水之源，发自王屋；为济为荥，时见时伏；下至稷门，汇为巨渎；穿城绕郭，汩汩相续。"

趵突泉又有"娥英水""温泉""瀑流水""三股水""槛泉"等名，位于济南趵突泉公园泺源堂之前。趵突泉公园位于济南市旧城区的西南，南靠千佛山，东临泉城广场，北望大明湖，面积10.5公顷，是以泉为主的特色园林。"泺水发源天下无，平地涌出白玉壶。"趵突泉为古泺水发源地，是泉城济南的象征与标志，与千佛山、大明湖并称为济南三大名胜，有"游济南不游趵突，不成游也"之盛誉。

北宋诗人曾巩任齐州（今济南）知州时，在泉边建"泺源堂"，并作《齐州二堂记》，始以"趵突泉"名之。所谓"趵突"，按字义释，"趵，跳跃貌；突，出见貌"，即跳跃奔突之意，反映了趵突泉三窟迸发，喷涌不息的特点。相传乾隆皇帝在评定北京玉泉等名泉不久，南巡来到济南，当他看到趵突池中三泉喷涌、势如鼎沸、状似堆雪的壮观景象以后，遂把泉水三柱誉为蓬莱、方丈、瀛州三山；品饮了趵突泉水后，觉得此水竟比他赐封的"天下第一泉"玉泉水还要清冽甘美，于是又把"天下第一泉"的美名封给了趵突泉，他为趵突泉题了"激湍"两个大字，还写了一篇《游趵突泉记》，文中写到"泉水怒起跌突，三柱鼎立，并势争高，不肯相下"。

不少文人学士也赋予趵突泉"第一泉"的桂冠。明代晏璧有诗曰:"渴马崖前水满川,江水泉迸蕊珠圆。济南七十泉流乳,趵突洵称第一泉。"沈复在《浮生六记》中说:"趵突泉为济南七十二泉之冠。泉分三眼,从地底忽涌突起,势如腾沸,凡泉皆从上而下,此独从下而上,亦一奇也。"而北魏郦道元《水经注》赞趵突泉为"固寰中之绝胜,古今之壮观也"。

趵突泉自 1956 年辟为公园,几经扩建,已成为环境优美、步移景异、格调高雅,融合中国南北园林特点的著名公园。园内名泉荟萃,漱玉泉、金线泉、马跑泉、柳絮泉等二十多处名泉分布其中。公园名胜古迹众多,始建于宋代的"泺源堂""娥英祠"气势雄伟,元代万竹园精巧典雅,著名女词人李清照纪念堂庄重古朴,国画大师李苦禅、王雪涛纪念馆亦设于园内。

趵突泉周边的名胜古迹不胜枚举,尤以泺源堂、娥英祠、望鹤亭、观澜亭、尚志堂、李清照纪念堂、沧园、白雪楼、万竹园、李苦禅纪念馆、王雪涛纪念馆等景点最为人称道。趵突泉池北岸有三座大殿,曰泺源堂,三间两层,坐北朝南,建在同一中轴线上,是一组较大的明清建筑。元代大书法家赵孟頫所题的楹联"云雾润蒸华不注,波涛声震大明湖"就刻在堂前抱厦柱上,后堂内壁上嵌着明清以来咏泉的若干石刻。泉池南为半壁水榭,曰"沧园"。西南有明代观澜亭,原为四面长亭,半封闭式,形制考究,为历代文人称颂。亭边立有明清时胡缵宗、张钦和王仲霖书写的"趵突泉""观澜""第一泉"等石刻。泉池东为来鹤桥,桥南端耸立一古色古香的木牌楼,横额上有"洞天福地""蓬山旧迹"字样。泉东南侧白雪楼为纪念明代著名文学家李攀龙所建。

此外,趵突泉公园内漱玉泉与宋代女词人李清照有关,因有文集《漱玉集》而得名,她的故居也在此,称为"漱玉堂",李清照纪念堂正是为纪念她而修建的。漱玉泉泉池呈长方形,池长 4.8 米,宽 3.1 米,深 2 米,四周围以汉白玉栏杆。泉水自南面的溢水口汩汩流出,层叠而下,漫石穿隙,淙淙有声,注入螺丝泉中。明代诗人晏璧曾有"泉流此间瀑飞经琼，静日如闻漱玉声"的赞语。

自古以来观此泉者无不为之倾倒，历代文化名人诸如曾巩、苏轼、元好问、赵孟頫、张养浩、王守仁、王士禛、蒲松龄、何绍基、郭沫若、启功等，均在趵突泉及其周边的名胜古迹留下无数咏赞的华章妙句，使趵突泉的文化底蕴更加深厚，成为著名的旅游胜地。

5. 玉液泉

"峨眉天下秀"，在奇秀的峨眉山上分布着众多的流泉飞瀑。如果说报国寺附近的龙门飞瀑、虎溪鸣泉，清音阁前的黑白双溪等众多泉水是以声色取胜的话，那么玉液泉不仅以湛碧的秀色悦人，还以其绝奇的水品夺魁。

有"神水第一泉"之称的玉液泉位于海拔 807 米的大峨寺旁的万定桥边、神水阁前，四周风光具有峨眉独特的清幽和深秀。其水品，古人有"饮水诧得仙"之句，认为此泉水不同寻常，故把它称为神水，又名甘泉。历经千百年，神水遇旱不涸，终年不竭，在嶙峋石壁之中冒出来的这泓碧水，清澈明亮，光鉴照人。夏日用手去掬，冷气直透肌骨，一旦饮下，两腋清风，只觉得涤肠荡胃，浊气下沉，清气上升，如饮琼浆玉液。因此以玉液名泉，名副其实。

隋代中国佛教天台宗的创立者智者禅师品饮之后，说它是"圣水"；宋代道学家陈希夷，品题"神水"二字于大峨石上，至今犹存；苏东坡来游，力排玄奇的神话传说和有着宗教色彩的称誉，凭着自己的直观感受，品题"云外流春"四字，并认为这是第一泉。

玉液泉以一潭碧泓诱人悦性，还以奇绝水品称雄。古人谓此泉不同凡响，称它是"天上的神水""地下的甘泉"。而玉液泉四周，又是峨眉极品云雾茶产地，用玉液泉品峨眉茶，茶水清亮，茗香扑鼻，喝到口中，香在心里，顿觉神清气爽，自然为文人墨客倾心。早在北宋时，黄庭坚、苏东坡就曾来此咏泉品茗，留下了赞美玉液泉、峨眉茶的诗文篇章。如今，在玉液泉前的石

碑上镌刻的历代诗文就是佐证，石碑上镌刻的"玉液泉"和"神水通楚"碑文，乃是明代龚廷试所题。泉旁石崖上题写的"神水"二字，乃明代御史张仲贤手迹。玉液泉烹峨眉茶，相映生辉，可谓"二美合碧瓯，殊胜馔群玉"。

玉液泉自唐以来，历经宋、元、明、清，直至今日，仍有众多茶人来此汲泉品茗。据科学测定，玉液泉水最宜烹茶，它是一种极为难得的优质饮用矿泉水，除视觉、口感殊绝于众外，还含有微量的氡、锶、锌、二氧化硅等，属低矿化的、含有对人体有益的矿物质元素的优质饮用矿泉水，这就是人们热衷于用玉液泉烹茶的道理所在。

（二）天下第二泉：无锡惠山泉

惠山泉原名漪澜泉，是天下第二泉，相传经中国唐代陆羽品题而得名，位于江苏省无锡市西郊惠山山麓锡惠公园内。无锡惠山多清泉，历史上就有"九龙十三泉"之说。相传惠山泉是唐大历末年（779 年）由无锡县令敬澄派人开凿的。因陆羽曾亲品其味并著有《惠山寺记》，故又名陆子泉。惠山泉被陆羽评为天下第二泉后，名声远播，千百年来受到了帝王将相和文人墨客的青睐。清时对二泉周围的环境进行了整修，布置了池沼、流泉、石刻、假山、湖山和楼台亭阁，配置了花草树林，故成精美的庭园，成为人们游览品茗的佳处。

由于惠山泉水源于若冰洞，细流透过岩层裂缝，呈伏流汇集，遂成为泉。因此，泉水质轻而味甘，能益诸茗色、香、味、形之美，深受茶人赞许。唐代天宝进士皇甫冉称此水来自太空仙境；唐元和进士李绅说此泉是"人间灵液，清鉴肌骨，漱开神虑，茶得此水，尽皆芳味"。

唐朝陆羽在他著的《茶经》中排列名泉二十处，无锡惠山泉位居第二。另一位评水大家刘伯刍认为："透宜于煮茶的泉水有七眼，惠山泉是第二。"此后

"天下第二泉"之名为历代文人名流所公认。宋代诗人苏轼曾两次游无锡品惠山泉,留下了"独携天上小团月,来试人间第二泉"的吟唱,更使惠山泉生辉。

　　惠山泉共分上、中、下三池,泉上有"天下第二泉"石刻,是清代书法家王澍所书。上池呈八角形,水质最佳,水过杯口数毫米而茶水不溢。水色透明,甘洌可口。中池呈不规则方形,是从若冰洞浸出的,池旁建有泉亭,相传这是唐代高僧若冰发现的,也称冰泉。下池长方形,凿于宋代,池壁有一雕工精细的龙头,泉水从龙口中注入下池。此处有二泉亭、漪澜堂、景徽堂及明代的观音石等。坐在景徽堂的茶座中,品尝用二泉水泡的香茗,欣赏二泉附近的景色,听着泉水的叮咚声,实乃人生一大快事。值得一提的是,在二泉池畔,每当月色溶溶的夜晚,如玉轮冰晶一般的皓月,倒映在波光微动的清泉之中,银华闪烁,悠然入画,水波月影,幽美宁静,充满诗情画意,一泓清池,一轮圆月,使"二泉映月"成为惠山的又一绝妙景致。中国民间音乐家瞎子阿炳(华彦钧),曾在此作《二泉映月》二胡名曲,曲调悠扬,如泣如诉,那委婉悠扬,感人肺腑的曲调,今天已成为驰誉宇内,叩人心弦的绝响。从泉亭左右两侧的石阶拾级而上,在平台的后面,倚山有一座三间七架的厅室,即景徽堂。这座歇山顶的敞厅,屋宇轩昂,三面环廊,厅前乔柯扶苏,现辟为茶室,是品评二泉水的理想之处。堂两旁大书一联:"试第二泉,且对明亭暗窦。携小团月,分尝山茗溪茶。"

　　从二泉亭北上,还有清代竹炉山房、秋雨堂、云起楼等。秋雨堂结构精巧,

陈设古雅，中国电影《家》曾取景于此。听松亭也在二泉附近。亭内有一方古铜色巨石，平坦光滑，可横卧一人，称"石床"。一端镌有"听松"二字，是中国唐代书法家李阳冰所书。

惠山泉盛名，始于中唐，其时，饮茶之风大兴，品茗艺术化，位列天下第二泉的惠山泉，泉水清澈晶莹，含矿物质少，水质优良，甘美适口，系泉水之佼佼者，自然为历代名人学士饮咏。据唐代无名氏《玉泉子》载，唐武宗时，宰相李德裕很爱惠山泉水，曾设立"水递"（类似驿站的专门输水机构），令地方官使用坛封装，驰马传递数千里，从江苏运到陕西，供他煎茶。因此唐朝诗人皮日休曾将此事和杨贵妃驿递荔枝之事相比，作诗讥讽："丞相常思煮茗时，郡侯催发只嫌迟。吴关去国三千里，莫笑杨妃爱荔枝。"

二泉水一度成为进献给皇帝的贡品。宋徽宗赵佶就以此泉水为贡品让两淮两浙路发运使赵霆按月进贡。南宋高宗赵构被金人逼得走投无路仓惶南逃时，还去无锡品茗二泉。南宋著名诗人杨万里在诗中称赞二泉："惠泉遂名陆子泉，泉与陆子名俱传。一辨佛香炷遗像，几多衲子拜茶仙……"明代，二泉更是题咏不绝的地方，诗人李梦阳在他的《谢友送惠山泉》诗中写道："故人何方来？来自锡山谷。暑行四千里，致我泉一斛。"乾隆皇帝对二泉更是赞赏有加："石瓷涂云乳，何以问来脉？摩沙几千载，涤荡含光泽。澄澈不爱尘，岂杂溪毛碧。鸿渐真识味，高风缅畴昔！"

（三）并驾齐驱的天下第三泉

1. 苏州观音泉

观音泉在苏州虎丘观音殿后，泉井所在的小院，清静幽雅，园门上刻有"第三泉"三个大字。第三泉又名"陆羽泉"，据《苏州府志》记载，陆羽曾在虎丘寓居，发现虎丘泉水清冽，甘美可口，便在虎丘山上挖一口泉井，刘伯刍评此水为第三。

观音泉鱼游往来，悠然自得。水面涟漪轻泛，浮萍点点，撒落水面，倒影乱真，夕阳西照，在树隙中落下参差斑驳的黑影，浓淡相宜，宛如一幅多姿多彩的水墨画。观音泉像羞涩的少女，缓缓流出，气泡多姿多彩，时而大，时而小，时而扁，时而圆，有的像串串珍珠穿成条条银线，溢出水面，撒出朵朵珠花，宛如天女散花，煞是好看；有的宛如戏水的长龙，自池底汹涌而出，向世人展现自己独特的风姿。

与观音泉相通的还有"剑池泉"，亦在苏州虎丘山下。史载，剑池之下，为春秋晚期吴国国君阖闾之墓，因阖闾爱剑，下葬时以三千宝剑殉葬。相传秦始皇和东吴孙权曾遣人在此凿石求剑，未成。凿处遂成深两丈的长方形深池，故名剑池。池旁峭壁如削，刻有"风壑云泉"四字，笔法圆润，传为宋代米芾所书。

虎丘虽然是座小山，但其山势雄奇如蹲虎状，它的峰顶，更像从海中涌出。虎丘寺石泉水，加上"碧螺春"，在此煮茶品茗，别有一番情趣。泉水经过层层过滤涌出，绿如翡翠，浓似琼浆，水质洁净，清冽甘美，通明度高，汲水沏茶，口味醇正，清香四溢，回味无穷。难怪元朝名人顾瑛夸曰："雪霁春泉碧，苔浸石瓷青。如何陆鸿渐，不入品茶经。"

2. 杭州虎跑泉

虎跑泉，又称虎跑梦泉，亦有"天下第三泉"之誉。虎跑泉水色晶莹，味甘冽而醇厚，历来被誉为西湖诸泉之首。宋虎跑泉之所以声名远播，除了泉水上佳外，也与当地产的著名的龙井茶有关，龙井茶只有用虎跑泉的水冲泡，才有色绿、香郁、味甘、形美的四绝品质。明代高濂在《四时幽赏录》中说："西湖之泉，以虎跑为最。西山之茶，以龙井为最。"名泉配名茶，相得益彰，清香四溢，味美无穷，被称为"龙虎斗"。"龙井茶叶虎跑水"，向来被人们誉为"西湖

双绝"，而人们在这里品茶论水，则成为一件充满文化色彩的乐事。

虎跑泉位于西湖之南，大慈山白鹤峰麓定慧禅寺内，距市区约5千米。虎跑泉水从石英沙岩中渗过流出，清澈见底，纯净无菌，饮后沁人心脾，对人体有保健作用。如今，虎跑泉依然澄碧如玉，从池壁石雕龙头喷出的那股水流仍旧涓涓汩汩，不停涌出。坐到轩敞明亮的茶室中，泡上一杯热气腾腾的龙井慢啜细品，一股清香甘洌之味，透于舌间，流遍齿颊，顿感神清气爽。在此观泉、听泉、品泉、试泉，其乐无穷。

相传唐宪宗元和年间，有个名叫性空的僧人云游至此，见大慈山白鹤峰麓环境清幽，便有心栖禅于此。但经进一步考察，却发现这里缺少饮用水源，生活很不方便，无奈之际准备离寺而去。一夜他梦见一神仙告诉他："南岳童子泉，当遣二虎移来。"第二天果然看见有二虎"刨地作穴"，涌出泉水，性空便给这眼泉取名为虎刨泉。后来他又觉得此名有些拗口，便更名为虎跑泉。当今虎跑泉池东南隅沟谷中，西湖新十景之一的"虎跑梦泉"浮雕，活灵活现地再现了这个"虎移泉眼"的神话故事。当然这仅是传说，实际上虎跑因地处群山之低处，附近岩层裂隙较多，透水性能好，地下水随岩层向虎跑渗出而形成。

虎跑泉周围幽雅清秀，有钟楼、罗汉堂、济公殿、五代经幢、弘一法师纪念塔等名胜古迹，但泉水是虎跑的主景，其他景点也环绕虎跑泉而设。走近山门，先是"听泉"，天王殿内是"释泉"，叠翠轩中是"赏泉""试泉"，滴翠岩下为"寻泉"，至茶室为"品泉"。虎跑茶室边上是济祖塔院，是宋代济颠和尚葬骨灰之处，院后壁上有数幅壁雕石刻，都是济颠传说。茶室前沿级而下，可至弘一法师纪念馆。

进入山门，是一条平坦的青石板路，两旁青山耸峙，叠嶂连天；一泓清泉沿着路侧的溪涧，琤琤流淌，石板路的尽头是一座供人小憩的凉亭，亦称二山门，这里松枫参差，泉声悦耳，引人驻足。穿过亭子，是一座石桥，桥下是澄碧的池水，由此拾级而上，即虎跑寺。

虎跑寺原名广福寺，唐大中八年（854年）改名为大慈禅寺，明清时多次毁建，现在的寺宇为清光绪时重建。虎跑寺以虎跑泉为中心进行建筑布局，具有江南园林特色，泉池四周依次建轩立亭，院内引水凿池，架设拱形石桥，寺中松柏交翠，寺后修篁漫山。

虎跑泉是一个两尺见方的泉眼，清澈明净的泉水，从山岩石罅间汩汩涌出，泉后壁刻着"虎跑泉"三个大字，为西蜀书法家谭道一的手迹，笔法苍劲，功力深厚。泉前有一方池，四周环以石栏；池中叠置山石，傍以苍松，间以花卉，宛若盆景。游人在此，坐石可以品泉，凭栏可以观花，怡情悦性，雅兴倍增。苏东坡有《虎跑泉》诗："亭亭石塔东峰上，此老初来百神仰。虎移泉眼趁行脚，龙作浪花供抚掌。至今游人灌濯罢，卧听空阶环玦响。故知此老如此泉，莫作人间去来想。"

在虎跑滴翠岩后的山腰平台上，有"虎跑梦泉"浮雕。整个塑像借用一组巨大的山岩叠石，只见两只猛虎接踵跑地出泉，性空禅师则面目慈祥，闭目斜卧。雕塑充分利用自然地形、山涧，把人物和山虎、涌泉、自然山水、庭院建筑融为一体。高僧梦卧之形态，两虎自林中跑水之情状，既有宁静感，又有跃动感，动静结合，野趣盎然。石壁间刻有"虎跑泉眼"四字行书和"梦虎"两大篆体字。整座雕像布局得体，形象生动，线条刚柔相间，粗犷有力，很有意趣。

四、冷泉叮咚

除上面所述三大名泉外，以名泉佳水著称于世的冷泉不胜枚举。许多名泉虽无"封号"，但亦是名扬四海，如山西太原晋祠的难老、善利、圣母三泉，河北邢台的百泉，河南辉县的百泉，云南大理的蝴蝶泉，甘肃敦煌的月牙泉等等。上述名泉多因泉生景，成为当地著名的风景名胜。

（一）大理蝴蝶泉

蝴蝶泉原名无底潭，在大理市周城北1千米处，滇藏公路西侧，点苍山的

云弄峰下。进入公园，缓步上坡，行约半里，即是一片成荫绿树。走过古朴的石坊，迎面有一块大理石石碑，碑呈棱形，正面右侧有郭沫若手书"蝴蝶泉"三个大字，左侧刻有郭沫若《咏蝴蝶泉》诗的手迹；碑的背面，刻着徐霞客游大理蝴蝶泉的一段日记。沿林荫小道曲折前行，只见古树林立，浓荫蔽天，一泓清泉嵌于其间，底铺青石，泉池约两三丈见方，四周用透亮的大理石砌成护栏。这就是"蝴蝶泉"。

蝴蝶泉水清澈见底，一串串银色水泡自沙石中徐徐涌出，汩汩冒出水面，泛起片片水花。泉池旁有合欢古树，横卧泉面。蝴蝶泉之所以成为有名的游览胜地，不仅是泉水甘美之故，更与泉边独具天下罕见的奇观——蝴蝶盛会有关。每年农历三四月间，云弄峰上各种奇花异草竞相开放，泉边的合欢树散发出一种淡雅的清香，诱使成千上万的蝴蝶前来聚会。这些蝴蝶大的如掌，小的如蜂，

或翩舞于色彩斑斓的山茶、杜鹃等花草间，或嬉戏于游人的头顶。更有那数不清的彩蝶，从合欢树上，一只只倒挂下来，连须钩足，结成长串，一直垂到水面，阳光之下，五彩焕然，堪称奇观。尤其是农历四月十五这一天，若遇晴朗天气，其时蝴蝶云集，且品种繁多，五彩缤纷，汇成了蝴蝶的世界。这奇景，引来了无数瑰丽的诗篇，明代杨慎写道："漆园仙梦到绡官，栩栩轻烟袅袅风。九曲金针穿不得，瑶华光碎月明中。"清代诗人沙深赞道："迷离蝶树千蝴蝶，衔尾如缨拂翠恬。不到蝶泉谁肯信，幢影幡盖蝶庄严。"

　　传说古时候，蝴蝶泉叫无底潭。潭边住着父女二人，女儿叫雯姑，如花似玉，心灵手巧。雯姑长大后，和猎手霞郎互相爱慕，定下终身。后来雯姑被地主抢走，霞郎用计救出雯姑。不料官兵追来，二人走投无路，双双殉潭。顿时，电闪雷鸣，暴风骤雨。待雨过天晴，潭中飞出一对美丽无比的大彩蝶，后面引来无数的小蝴蝶嬉戏盘旋。那一天是农历四月十五日。从此，每年的这一天，无数美丽的蝴蝶就会聚集在这里，讲述这动人的爱情故事。这就是有名的"蝴蝶会"。

（二）敦煌月牙泉

　　月牙泉，古称沙井，俗名药泉，位于甘肃敦煌鸣沙山流沙的怀抱中，自汉朝起即为"敦煌八景"之一，得名"月泉晓澈"，至今已有两千多年的历史。月牙泉南北长近 100 米，东西宽约 25 米，泉水东深西浅，最深处约 5 米，弯曲如新月，因而得名，有"沙漠第一泉"之称。该泉水色蔚蓝，澄澈见底，味美甘甜，如沙海中一块晶莹的翡翠，沙泉共处，碧波荡漾，水光山色相映成趣，成为中国西部自然风光之奇观。

　　月牙泉的周围是高高的鸣沙山，鸣沙山在晴天或有人从山上滑下时会发出声响，因此而得名。这里还有一个奇特的现象，

因为地势的关系刮风时沙子不往山下走，而是从山下往山上流动，所以月牙泉永远不会被沙子埋没，被称为沙漠奇观。如今，月牙泉附近建成了月泉阁、听雷轩等楼台亭阁，供游人赏景休憩；同时疏浚泉眼使泉水增多，栽植芦苇使月牙泉更加生机盎然。

月牙泉处在茫茫的黄沙之中，可是两千多年来却在流沙恶浪中安然无恙，"泉映月而无尘"，"亘古沙不填泉，永不涸竭"，且清澈不腐，可谓"山之神异，泉之神秘"，令人百思难解。其实，月牙泉不涸、鸣沙山山体不变，是因为独特的地形地貌，才使它永远保持着矛盾而又和谐的天然共存状态。月牙泉底下有潜流，故不干涸，且泉水处于循环交替状态，故不腐坏。之所以泉不被流沙埋没，是因为泉四面的沙山高耸，山坳随着泉的形状也呈月牙形。在这种特殊的地形下，吹进这个环山洼里的风会上旋，把月牙泉四周的流沙又吹到了四面的山脊上。这就是刮大风时人们见到风吹流沙上山坡的奇景，也是月牙泉"绵历古今，沙不填之"的奥秘。

月牙泉涟漪萦回，碧如翡翠，深得天地之韵律，造化之神奇，是大自然留给人类的杰作和奇观。历代文人学士对这一独特的山泉地貌、沙漠奇观称赞不已。清代诗人苏履吉在《敦煌八景咏》中有一首《月泉晓澈》："胜地灵泉澈晓清，渥洼犹是昔知名。一弯如月弦初上，半壁澄波镜比明。风卷飞沙终不到，渊含止水正相生。竭来亭畔频游玩，吸得茶香自取烹。"诗中既描写了月牙泉像弦月初上、清澈如镜的景色，也赞叹了月牙泉绵历古今、沙填不满的神奇，同时也状写了在泉畔汲水烹煮香茶的无穷乐趣。清代另一位诗人朱凤翔（曾为敦煌县令）《月牙泉》诗写道："德水源传星宿海，灵池胜纪月牙泉。不形卮泄疑无地，倘有槎寻定到天。沙岭回风森壁立，铁鱼跋浪蹴涡旋。凭谁问取龙媒迹，汉武当年正拓边。"诗中追本溯源，围绕月牙泉产生的许多美妙传说、灿然生辉典故有感而发，给这一泓碧水染上了神奇迷人的色彩。

（三）山西晋祠三泉

晋祠坐落在山西太原悬瓮山下，这里山环水绕，古木参天，百余座殿、堂、楼、阁林立其间，古色古香，造型优美，还有那著名的周柏、隋槐，老枝纵横，至今生机勃勃，郁郁苍苍。晋祠山美、树美，建筑也美。然而，最令人陶醉的要数那甘醇清洌的晋祠泉水。晋祠有三泉即难老、圣母、善利三泉，这三股清泉为晋祠增添了小桥流水的情趣及曲径通幽的意境。泉涌清流，四面碧波荡漾，杨柳依依，将晋祠点缀得颇具江南风味。被称为"晋祠三绝"之一的难老泉，俗称南海眼，位于水母楼前，是晋水的主要源头，也是晋祠风光的荟萃之地。泉水从地平线下约5米的石岩中涌出，清澈如玉，游鱼可数，冬暖夏凉，长流不息。北齐时，有人撷取《诗经·鲁颂·泮水》中"永锡难老"的诗句，名之为"难老泉"。

难老、圣母、善利三泉泉水晶莹透明，清洁如镜，水中游鱼悠然，翠萍常生，冬夏一色。信步晋祠，只见这里一泓深潭，那里一渠澈水。殿下有泉，桥下有河，亭中有井，路边有溪，石间涓流潺潺，如丝如缕；林中碧波闪闪，如锦如缎。无论多深的渠、潭、井，只要光线充足，游鱼、碎石、水草，历历可见。当年李白游晋祠，曾赞曰："晋祠流水如碧玉，傲波龙鳞沙草绿。"

难老泉水出自断岩，常年水温保持在17℃左右，每到冬日，水蒸气升腾，在阳光照耀下云蒸霞蔚，烟雾缥缈，变幻神秘，构成一幅轻纱浮动的水云图。水潭西壁半腰有一石雕龙头，清澈的难老泉水从石雕龙头喷出落入一僧人所托的钵中，然后下注水潭，形如白练，叮咚作响，如弹古筝，此中境界，妙不可言。水潭西北角有一凉亭，其形如船，因名"不系舟"，系仿北京颐和

园的石舫而造。由清泉碧水和文化胜迹构成的难老泉景区，蔚为大观，千百年来一直是晋祠名胜的精华和核心。泉上有一座八角攒尖式的亭子，高两丈余，始建于北齐天保年间，名难老亭。难老泉前面，有一泉潭，面积约 100 平方米。

晋祠三泉距今至少有二三百万年了。最早记载见于《山海经》："悬瓮之山晋水出焉。"据《山川志》记载："悬瓮山又名结绌山……山腹巨石如瓮形故名。"泉水汩汩流出，千年不息，昼夜不舍，世代为人类造福。早在公元前 453 年的战国时代，晋祠泉前已修建渠道，使用泉水浇田。宋代范仲淹《题晋祠》写道："神哉叔虞庙，地胜出佳泉。一泽甚澄澈，数步忽潺溪。此意谁可穷，观者增恭虔。锦鳞无敢钓，长生如水仙。"欧阳修《秋游晋祠》云："古城南出十里间，鸣渠夹路河潺潺。行人望祠下马谒，退即祠下窥水源……并人昔游晋水上，清镜照耀涵朱颜。晋水今入并州里，稻花漠漠浇平田。"两诗讴歌了难老、善利二泉汇为清流晋水的美景，欧诗还热情歌颂了晋水给人民带来"稻花漠漠"的丰收景象。

相传，聪慧贤淑的柳氏嫁给古唐村（晋祠）为媳之后，遭婆母虐待，命她每日从远处挑水。某日柳氏路遇一位白衣大士，讨水给他骑的白马饮用，柳氏慨然允诺。饮马完毕，白衣大士将手中两龙吐须的马鞭赠给她，并告诉她，将鞭子插入水瓮，需水时只要一提，便会水来瓮满。柳氏到家一试，果然十分灵验。三天过去，婆婆一次也没见媳妇去挑水，却见瓮里水满满的。仔细一看，瓮中还插着一条马鞭，于是抓鞭在手，欲打媳妇。谁知鞭刚被抽出瓮外，清水立即顺瓮口涌泻。大水冲走了婆婆，危及到全村人生命财产安全。柳氏见状，毅然用坐势盖瓮，坐压其上。大水压住了，村庄转危为安，柳氏却因此而献身。难老泉上水母楼的水母，就是依"柳氏坐瓮，饮马抽鞭"的传说塑造的。事实上，悬瓮山石灰岩中的地下水是从溶洞中涌出，并冲破松散盖层而成泉的。

（四）杭州龙井泉

　　位于浙江杭州市西湖西面风篁岭上，是一个裸露型岩溶泉。龙井泉本名龙泓，又名龙湫，是以泉名井，又以井名村。龙井村是世界上著名的西湖龙井茶的五大产地之一。龙井泉由于大旱不涸，古人以为与大海相通，有神龙潜居，所以名其为龙井。

　　龙井泉水出自山岩中，水味甘甜，四季不干，清如明镜。龙井泉的水由地下水与地面水两部分组成。地下水比重较大，因此地下水在下，地面水在上，如果用棒搅动井内泉水，下面的泉水会翻到水面，形成一圈分水线，当地下泉水重新沉下去时，分水线渐渐缩小，最终消失，非常有趣。据说这是泉池中已有的泉水与新涌入的泉水间的比重和流速有差异之故，但也有人认为，是龙泉水表面张力较大所致。

　　龙井泉旁有龙井寺，建于南唐保大七年（949年）。周围还有神运石、涤心沼、一片云等景点，附近则有龙井、小沧浪、龙井试茗、鸟语泉声等石刻列于半月形的井泉周围。

龙井泉的西面是龙井村，盛产西湖龙井。龙井茶因具有色翠、香郁、味醇、形美之"四绝"而著称于世。古往今来，多少名人雅士都慕名前来龙井游历，饮茶品泉，留下了许多赞赏龙井泉茶的优美诗篇。

（五）河曲白鹿泉

位于山西省河曲县城东北的一个小山村，这里虽地处干旱的黄土高原，但小山村山泉潺潺、流水弯弯。白鹿泉泉口直径1米，深3米，状如圆锥。四季泉涌，飞珠溅玉，东流成溪，清澈见底，惠泽一方。四周山环林茂，清凉宜人，"鹿泉飞珠"为"获鹿八景"之一，历代文人皆有诗赞颂。著名的"鹿泉大曲""鹿泉浓香""鹿泉液"等名酒因泉水而享誉一方。

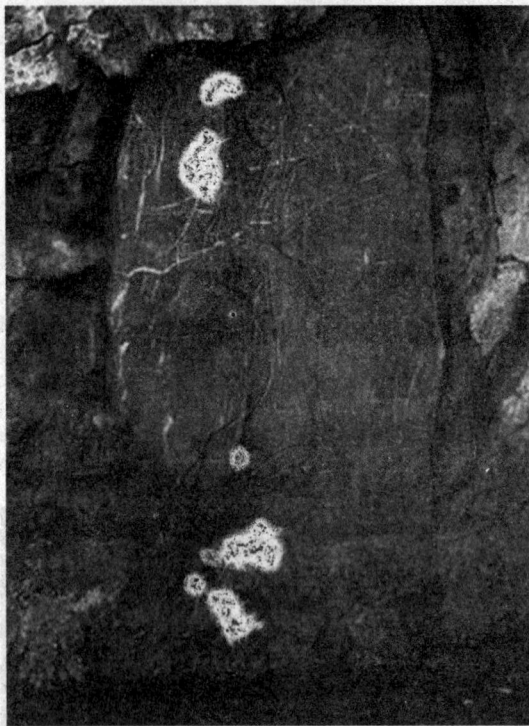

白鹿泉因优美的传说而闻名。史载，汉高祖三年（公元前204年），汉大将韩信率兵数万破赵，在今井陉、鹿泉之间和赵军摆开了战场，这就是历史上著名的"背水之战"。本来汉军长途跋涉，与赵军相比又众寡悬殊，而且赵军兵多粮足，以逸待劳，汉军是很难取胜的。但韩信灵活地运用了"陷之死地而后生，置之亡地而后存"的辩证理论，把赵国20万大军全部消灭，力斩赵军主帅陈余，活捉赵王。

传说汉军在追赶赵军的途中，口干舌燥，加之这一带村庄缺水，士兵干渴难耐。正在此时，忽见一只白鹿闪过，士兵如获至宝紧紧追赶。那白鹿奔跑如飞，忽隐忽现，韩信张弓搭箭，奋力射去，正中白鹿。士兵们喜出望外，飞奔向前，白鹿已无影无踪。落箭处却涌出清澈甘甜的泉水。军士饮后，疲惫顿消。据传，射鹿的地方原名白家窑。此后"鹿泉"之名流传至今。

(六) 河南百泉

百泉位于河南省辉县市中心西北的苏门山南麓，因此地泉眼众多，泉道百通，故名百泉，因泉水自池底翻沙涌出，如珍珠脱串，故又称珍珠泉。百泉聚于此地，形成百泉湖，为卫河之源。

清乾隆十五年（1750年），绕岸砌石，成一长方形泉湖，湖中心有一条青石板铺成的小径，曲曲折折，将湖中的亭阁小桥连在一起。河神庙、涌金亭、喷玉亭、灵泉亭以及邵雍祠、百泉碑等名胜古迹，错落有致地点缀在湖畔，独具匠心地玉立在湖间，成为玲珑秀丽的人文景观。因涌金、喷玉、灵泉三亭周围泉眼最多，故到此三亭观光者也最多。涌金亭于北宋时创建，屡毁屡修。亭内有苏轼"苏门山涌金亭"碑刻，其字为楷书，柔中有刚。邵雍祠是为纪念北宋哲学家邵雍所建。邵雍曾在苏门山长期讲学，著书立说，影响很大，故明成化年间地方官在百泉旁建了一座邵雍祠，以纪念这位文化名人。

百泉风光绮丽，景色宜人，湖水碧波荡漾，清澈纯净。湖水面积3.4万平方米，最深处达3米，水温常年20℃左右，冬暖夏凉，湖水四季碧绿，清洌纯净；湖内鱼来蟹往，荇藻交横；湖畔亭台楼阁星罗棋布，曲桥相接；湖周古柏参天，绿柳婆娑，山水楼台交相辉映，景色如画。享有"中州明珠""西湖缩影"之誉。

五、温泉拾零

中国温泉众多，已查明的温泉就有 2700 多处。其中知名的温泉有：黑龙江五大连池温泉、吉林长白山温泉、辽宁汤岗子温泉、辽宁兴城温泉、北京小汤山温泉、北京延庆佛峪口温泉、河北承德热河温泉、安徽黄山汤口温泉、安徽岳西汤池温泉、江西庐山黄龙灵汤温泉、福州温泉群、台湾温泉群、云南腾冲温泉群、云南安宁温泉、贵州石阡温泉等。这些温泉因流经某些特殊的岩层，溶解了一些矿物质，因而在泉水中含有多种具有医疗价值的微量元素，在医疗上有独特的疗效。

（一）西安华清池

华清池亦名华清宫，坐落于临潼骊山西北麓，骊山苍翠秀雅，又有源源不断的温泉水，故历代王朝都视这里为宝地。这里的泉水清澈，水中含有多种对人体有益的微量元素，对人体多种慢性疾病有较好的疗效，是沐浴疗养的理想之所。1982 年华清池被列入中国第一批重点风景名胜区，西安事变旧址五间厅被列为中国第二批重点文物保护单位。1996 年，国务院公布唐华清宫遗址为中国第四批重点文物保护单位。2007 年经国家旅游局正式批准为国家 5A 级旅游景区。

华清池有"天下第一御泉"的美称，是与古罗马卡瑞卡拉浴场和英国的巴斯温泉齐名的"东方神泉"。华清池温泉水温常年保持 43℃，水质纯净，细腻柔滑，水中含有二氧化硅、三氧化二铝、氧化钠、硫磺、氟离子等十多种矿物质，对风湿、关节炎等疾病均有明显的疗效，因而吸引历代帝王沐浴游幸。华清池自然景区一分为三：东部为沐浴场所，设有尚食汤、少阳汤、长汤、冲浪浴等高档保健沐浴场所；西部为园林游览区，主体建筑飞霜殿殿宇轩昂，宜春殿左右相称；园林南部为文物保护区，千古流芳的骊山温泉就在此处。

华清池千古涌流，不盈不虚，作为古代帝王的离宫和游览地已有三千多年的历史。西周时，周幽王就在此修建"骊宫"。秦始皇非常偏爱这里的温泉，在这里广修殿宇，并命人将温泉砌成池子，名曰"骊山汤"。唐代，华清池达到了鼎盛时期。唐太宗时建造了"汤泉宫"，唐玄宗时更是大兴土木，治汤井为池，环山列宫殿，扩建为一个以温泉为中心的"陪都"，改名为华清宫。唐玄宗每年都有好几个月的时间在这里处理朝政，据记载，唐玄宗先后来此达 36 次之多，并与杨贵妃在这里演绎出了一段缠绵悱恻的爱情故事，加之白居易《长恨歌》的渲染，使华清池更是声名鹊起。

（二）庐山黄龙灵汤温泉

黄龙灵汤温泉坐落于庐山风景最美的汉阳峰和翠峰重叠的黄龙山麓之间的小盆地，邻近有风光奇秀的康王谷、秀峰，由于矿泉地属江西省星子县，有人称庐山温泉为"星子温泉"。而因为它离黄龙山最近，宋代曾一度称庐山温泉为"黄龙灵汤院温泉"或"黄龙温泉"。此温泉流量很大，水温高达六七十度，含有三十多种矿物质，对于关节炎、胃病、支气管炎、皮肤病和神经衰弱症等均有疗效。李时珍《本草纲目》对此记载曰："庐山温泉有四孔，可以熟鸡蛋。……患有疥癣、风癞、杨梅疮者，饱食入池，久浴后出汗，以旬日自愈。"

庐山黄龙灵汤温泉历史悠久，自晋代起即负盛名，古称"黄龙灵汤院"。唐代诗人白居易的《题庐山山下汤泉》一

诗中写道："一眼汤泉流向东，浸泥浇草暖无功。骊山温水因何事，流入金铺玉甃中。"南宋哲学家、教育家朱熹赋诗赞曰："谁然丹黄焰，爨此玉池水。客来争解带，万劫付一洗。"此诗既生动有趣，又妙语双关。"万劫"语意双关，可解为：浴温泉，能疗好百病，使沉瘤霍然而愈，如肌肤尘，一洗而佳；也可解为浴于温泉，肌体舒畅，心旷神怡，千载忧愁，万劫烦恼，一洗而空。可见温泉之奇妙功用。

　　黄龙灵汤温泉的得名，有一个美丽动人的传说。相传很久以前，有一个名叫慧通的大师来到庐山云游，只见这一带白骨露野，草木枯黄，山泉哑然，有乡人告诉大师后山沟有一条黄龙逞凶肆虐。话未说完，只见乌云骤起，暴雨倾盆，洪水浸地，一条黄龙从后山跃起，腾空揽云，爪踏三溪，慧通大师怒从心中起，举起驯龙宝剑，猛砍过去，只见轰然一声巨响，后山断成两半，黄龙被镇于山底。瞬间，万物复苏，草木芳菲，山泉吐玉，群鸟齐鸣，人们便将后山称为"黄龙山"，把"黄龙山"下自地表涌出的四季常温、百年不竭、祛病消炎的神水称为"黄龙温泉"。

（三）安宁碧玉泉

　　被誉为"天下第一汤"的云南安宁温泉古称碧玉泉，位于昆明西郊，距城39千米，沿途孔雀杉苍郁染黛，修竹飘洒流翠。泉区周围，群山环绕，林木葱翠。温泉区内，街道整洁，恬静舒适。温泉水自螳螂川峡谷东岸的石灰岩壁下涌出，较大的天然泉眼有9处，每昼夜涌水量为千余吨，最大时可达万吨左右。泉水清澈碧透，水质柔滑优良，属弱碳酸盐型温矿泉水，水温在40℃—45℃，可浴可饮。浴则可治多种疾病，尤其对皮肤病、关节炎和慢性胃病患者疗效甚佳；饮则可沏茶煮茗，温醇可口，风味独特。故明代学者杨慎评价此泉水"不可不饮"。

相传安宁温泉发现于东汉。这里火龙寺碑记上曰："东汉建武丙辰年间，有名将苏文达随伏波将军马援南征交趾，其后回朝，道经滇省，因瘴气不能进，乃止于是。偶与乡人游，见山中白气腾腾，始知为温泉，于是召工开辟，遂成名胜。"安宁温泉见于记载，是在元代。据《元混一方舆胜览》"安宁州"条载："云南诸郡，汤池十七所，惟安宁州者最。石色如碧玉，水清可鉴毛发，虽骊山玉莲池远不及。"

第一个把安宁温泉称为"天下第一汤"的是明朝名士和诗人杨慎，他在《浴温泉序》中赞叹云南温泉众多，"以安宁之碧玉泉为胜"，并为这个温泉归纳了七大特色："滇池号曰黑水，虽盈尺不见底，而此特皓镜百尺，纤介毕呈，一也；四山壁起，中为石门，不烦瓷甃，二也；浮垢自去，不待拂拭，三也；苔污绝迹，不用掏渫，四也；温凉适宜，四时可浴，五也；掬之可饮，尤发苔颜，六也；盏酒增味，治疱省薪，七也。虽仙家三危之露，佛地八功之水，可以驾称之，四海第一汤也。"不愧是"仙家三危之露，佛地八功之水"。明代的旅行家、地理学家徐霞客亦推此泉为第一。明崇祯十一年（1638年），他详细考察了碧玉泉后在当天的游记中记述道："余所见温泉，滇南最多，此水实为第一。"安宁温泉名扬天下，对温泉的题赞如"水之圣""城外华清""春回太液""太和元气""胜地名泉"等，不可胜数。

（四）承德热河温泉

热河泉位于承德避暑山庄内湖区的东北隅，湖畔立一块自然石，上刻"热河泉"三个大字。这里是热河泉的源头，清澈的泉水由地下涌出，流经澄湖、如意湖、上湖、下湖，自银都南部的五孔闸流出，沿长堤汇入武烈河。因此1933年泉旁曾竖一碑，上刻"热河"两字，被当作世界最短的河而列入《大英百科全书》，一时扬名于世。然而，正确地说，它只是一个泉，而非河。所以，1979年正式定名

"热河泉"。

热河泉的水温只有9℃—11℃，但仍高于当地的年平均气温（8.8℃），所以，它仍不失为温泉。热河泉虽含有较高的碳酸钙、碳酸镁，但矿化度很低，饮用甘甜可口，水中还含有少量可溶性二氧化碳，饮后清凉爽口，可谓天然汽水。此外，含有微量的氟，可使牙齿洁白无龋；含有低量硼酸，又有消炎防腐之效。

热河泉四季不同的景致构成一幅幅美妙的画面。春天，因澄湖位于泉水源头，湖水清澈见底，游鱼往来，悠然自得。夏天，浮萍点点，铺满水面，泛起阵阵清香。乾隆皇帝遂在澄湖北岸修了一处建筑：萍香泮。秋天，泉水融融，水温较高，节令过了白露、霜降，湖中种植的重台、千叶等品种的荷花，仍然"翠盖临波，朱房含露，流风冉冉，芳气竟谷"。康熙皇帝遂在泉南建了"香远益清"。冬天，银装素裹，唯此处碧水涟漪，云蒸霞蔚，春意盎然。夏季，此处清泉细波，涟漪轻泛，倒影乱真，游人临此，无不叹为胜景。无怪乎康熙皇帝叹为观止："名泉亦多览，未若此为首。"

（五）阿尔山温泉

位于内蒙古自治区科尔沁右翼前旗西北部、大兴安岭的崇山峻岭之中，蒙古语"阿尔山"意为"圣水"。温泉泉区方圆仅1平方千米，在南北长500米、东西宽70多米的范围内密密匝匝分布着48个泉眼。分冷泉、温泉、泉、高温泉4种，泉水最低温度1.5℃，含有放射性元素氡以及氯、镁、硫、硅等十几种元素。矿泉水对多种疾病有良好疗效，各泉水温度不同，含氡量及其他化学成分也不同，对于多种疾病有良好疗效，特别是对风湿性关节炎、增生性关节炎、类风湿、牛皮癣等疾病有特殊疗效。

阿尔山海拔 1000 余米，空气清新，夏日阳光充足，凉爽宜人，是避暑胜地。阿尔山温泉构筑在绿树鲜花丛中，远山近舍，浓淡相宜，宛如一幅水墨画。晶莹澄澈的泉水汩汩而出，久旱不涸。有的相隔咫尺，有的相距数丈，温差却大得叫人不敢相信。冷泉只有 1℃，温泉不凉不热，高热泉则像滚沸的开水，终年升腾着热气。矿泉的排列形状也极为有趣，状如一个南北躺卧的人体形，有"头泉""五脏泉""脚泉"，里面细看还能分出"眼泉""胃泉"等。人们传说，不同部位的泉水对治疗人体相应部位的器官病变，有着神奇的疗效。

（六）福州温泉

福州温泉区域广阔，出露带面积约占全市面积的七分之一，有名的温泉就有八处之多。福州温泉得天独厚，其数量之多、水质之佳，自古就有"福州温泉甲东南"之誉。早在宋代所编的《三山志》（福州又称三山）中，就已对福州温泉的出露情况、特点、水温进行了描述："地多燠泉，数十步必有一穴，或迸河渠中，味甘而性和热，胜者气如硫磺，能熟蹲鸱，旱涝无增减。"

福州温泉早在北宋时就已被开发利用，全盛时全城共有大小浴池 40 多家，分为"官汤""民汤"。福州温泉温度高（一般在 40℃—60℃，最高可达 98℃），水压大，水质纯净，无色无味。泉中含有钠、钾、氯、氟及微量元素钼、镓、钛等，对治疗皮肤病、风湿性关节炎、神经痛等疗效甚佳。

（七）河北平山温泉

坐落于平山县西 20 千米处的温塘村，有一处含氡量很高的温泉。此处岗峦起伏，草木繁盛，风景优美。平山温泉开发历史悠久。相传汉武帝久治不愈的疮疾就是经过此处温泉的洗浴才得以痊愈，汉武帝为此敕封此温汤为"宝泉神水"，并建温泉寺。据《平山县志》称，此处温泉最晚在隋代就已开发，并有"望之黝黑，掬之洁白，浴之可以疗皮肤

癣疥之疾"的记载。据测试，温泉水温69℃，含有30余种矿物元素，尤其是放射性元素氡的含量较高，对风湿性关节炎、神经衰弱、皮肤病等疗效显著。

平山温泉尤以"桃花水"著称，每年阳春三月是洗"桃花水"的时节，有"一日桃花浴，三生无炎凉"的美誉。方圆百里的人们怀着对幸福生活的希冀和对温塘美景的眷恋来这里沐浴"桃花水"。此时温泉对皮肤病的疗效最显著。平山温泉有一大特点，刮东风时水温就高，刮西风时水温就低，即使在同一天，刮东风比不刮风水温也高 2℃—3℃。水中的特有物质硫酸氢钠氡，温度越高分解得越充分，疗效越显著。阳春三月暖气东来，桃花盛开，泉水的温度明显高于秋冬两季，"桃花水"就成为温泉水的上品。

（八）北京小汤山温泉

位于北京市昌平区东小汤山镇内，小汤山温泉出露在元古界雾迷山组灰岩裂隙中，水温大部分在 40℃—60℃，最高可达 76℃。温泉水中含有多种矿物质和微量元素，它外观淡黄清澈，水质甘秀甜美，含有锶、锂、硒、偏硅酸等多种与人体生理机能有关的矿物元素。

小汤山的地热温泉历史悠久，享有盛名，温泉水的利用可追溯到南北朝，郦道元在《水经注》中的记载，距今已有 1500 多年的历史。据传，辽代，萧太后曾留香于小汤山的温泉。自元代起，小汤山温泉被辟成了皇家园林，为历代封建帝王专有的享受。明武宗曾留下"沧海隆冬也异常，小池何自暖如汤。融融一脉流股筋，不为人间洗冷肠"的诗句。清朝时康熙、乾隆皇帝在小汤山修建了行宫，并御笔题词"九华兮秀"。晚清慈禧太后曾多次到汤泉行宫洗浴。

六、怪泉之趣

在神州大地上，不仅有众多的冷泉、温泉，还有一些离奇古怪的泉水——乳泉、盐泉、濮泉、鱼泉、虾泉、发酵泉、水火泉、潮水泉、含羞泉、冰泉、甘苦泉、鸳鸯泉、香水泉、报震泉等，真可谓珠涌泉喷、妙趣横生，也使泉的世界呈现出多姿多彩的风貌。

（一）喷乳泉

位于广西壮族自治区桂平县西南麓，泉池深、阔近一米，每天早、晚九点钟左右，泉水如鲜乳一样，莹白夺目，随后又渐渐地清澈透明。

喷乳泉因"泉水甘白如乳"而得名。半池碧水，清澈见底，冬不枯，夏不溢，水量稳定。据《浔阳州府志》载，此泉"清冽如杭州龙井，而甘美过之。时有汁喷出，白如乳，故名乳泉"。桂平乳泉的白色并不是水中所含矿物质成分造成的，而是交融于水中的极细的小气泡与地下水出露于地表时所呈现的视觉效果。化验表明，构成乳汁气泡的气体系惰性气体——氡。桂平西山由庞大而坚硬的花岗岩岩体构成，存于花岗岩裂隙壁上的氡气进入流动的地下水，形成气水混合物泄出，使泉水跳珠走沫，呈现出色白如乳的汁来。但由于受岩石裂隙系统制约而生成的氡数量有限，不能连续地进入地下水中，所以"喷汁"历时较短，只能"时有发生"。

(二) 含羞泉

位于四川广元龙门山上，当地群众称为"缩水泉""仙女池"。只要把一块小石头往泉水里一扔，泉水受到回声与波震的影响，就会缓慢地缩回去，水面降低，就像一位见了生人而脸红的姑娘一样，立即羞羞答答地躲起来。过一会儿，泉水又慢慢涌出，由细变粗。

相传很久以前，玉帝派七仙女下凡制伏为非作歹的恶龙，还当地一片清净。仙女们为沐浴净身，便于薄山峡劈了一池，为防人偷看，便用薄石板将水池拦了起来，仙女们沐浴嬉戏时，池水四溢，一有响声，就静止不动，水就缩回去了。其实，含羞泉的成因是因为岩石间的微孔细缝如千千万万的毛细管，将地下水吸出地表而汇聚成泉，当遇有响声振动产生压力，水便被顶了回去，响声消失压力不存在时，水就又流出来了。

(三) 发酵泉

位于四川丹巴县境内边尔村附近，露于边尔河北侧的溪沟底。方圆数十里的居民经常来这里取水，和面烙饼、蒸馒头，既不用发酵，也不必用碱中和，蒸出的馒头与通常方法蒸出的毫无两样。故当地人称此泉为"神泉"。

"神泉"从泥盆纪地层的一条小断层中涌出，水温17℃。泉水溢出时，伴有串串气泡。无疑，水中溶解有大量气体。化验分析表明，气体中含有大量的二氧化碳和少量的氮、氧。二氧化碳是深部岩石在高温下变质的产物，又处于高压环境，故二氧化碳大量溶于水中。泉水之所以能够用于发面蒸馒头，完全是溶于水中的二氧化碳等气体受热膨胀的结果。

（四）水火泉

位于台湾台南县白河镇东约 8 千米的关子岭北麓。泉水从黝黑的岩石缝中涌出，水温高达 84℃，水色灰黑，水味苦咸。有道是"水火不相容"，然而这里的泉水流进一个小池里，滚滚如沸，浓烟从水中腾起，高三四尺，只要在水面上点燃一根火柴，火焰就能从水中燃烧。因为该泉有水中出火的奇观，水火同源，人们称它为水火泉。泉水之所以能够点燃，是因为地下水中含有可燃性气体成分。关子岭温泉所在的地层，分布着含油气的泥质岩层，在地热条件作用下，不断产生着主要成分为甲烷的天然气。与地下水"合二为一"的甲烷，和地下水一起迁移，而后沿着大断层上升到地表。含甲烷的地下水露出地表后，因压力条件发生了变化，甲烷自水中溢出。由于甲烷无色易燃，故在着火时呈现出水火相容的奇观。

（五）潮水泉

潮水泉又称报时泉，水文地质学上称为间歇泉，如大海的潮汐，来去有时，

趣味盎然。如湖南省花恒县民乐镇苗寨里有一口一日三潮的神奇泉。每天清晨、中午和傍晚三个时段，一股水柱从泉眼中冲天而起，响声如雷贯耳，颇为壮观。持续时间一般为50—80分钟，过后水柱才慢慢平息下来，复变为涓涓细流。更为奇异的是，此泉还能准确地为当地苗族人民预报天气。如果此泉涨潮时间突然推迟，或一天数潮，同时持续时间短，那么过几天就会下大雨或暴雨；如果每天按规律涨潮，则说明天气变化相对稳定，晴雨相宜，风调雨顺。故当地人又把这个潮水泉称为"气象泉"。此类的潮水泉在湖南、云南、江西等地都有。

（六）鱼泉

位于江西武宁县宋溪乡山口村，高1.5米，宽2米，人弯着腰可以进去十多米，然后渐小。这个泉洞四季流水不干，有趣的是，泉洞里平时见不到一条鱼，可是到了五六月间就有成群的鱼涌出，每次出洞以后，结伴嬉戏两三个小时，游一段路程就不再往下游了，然后掉头逆水而上，返回洞中。此外河北、四川、湖南等地都有"泉涌鱼飞"的鱼泉景象。

（七）虾泉

位于广西南宁市西北120千米的右江北岸，平果县城西虾山脚下，有一泉口，离江边很近，清澈明净的泉水注入右江。每年农历三四月夜深时，密密匝匝的虾群云集右江水和泉水汇合处以上的浅水洼里，争先恐后地逆水奋进。被泉水冲下来的虾又会再三冲锋，勇往直前。那些冲上泉口的虾便以胜利者的姿态，优哉游哉地进入泉水深处，不再出现了。

这里虾的奇特习性是"江里生泉里养",右江是"老家",虾泉为"别墅"。当地村民在应时季节的夜间在泉口安一个虾笼,经过两三个小时的"守笼待虾",便可不"捞"而获十几公斤"战利品"。

(八) 盐泉

位于四川巫溪县大宁河西岸的宁厂镇猎神庙前。此泉所出之水极咸,含盐量很高,故名"盐泉"。

据史料记载,东汉时期,盐泉就已被开发利用。当时,除了用"铁牢盆"(铁锅)煎盐外,还在大宁河龙门峡西岸的峭壁上,修建了一条长达百余千米的栈道,用楠竹相接铺成管道,将盐泉之水引到巫山县大昌镇去煎煮。东汉以后,历代都用盐泉之水煮盐。

盐泉形成的原因,是由于地下水在活动的过程中,遇到了含有大量氯化钠的岩层,氯化钠被地下水溶解后,就形成了盐度很高的"盐泉",其浓度往往高于海水,水味极咸。这些咸水通过岩石裂隙或断层涌出地表,就形成了奇异的盐泉。

此外,还有以下一些奇泉怪泉:

笑泉:安徽巢县、无为县各有一笑泉,当游人不声不响而过,泉水澄静如常;游人喧哗而来,泉水涌沸翻滚,哗然如笑声,故称"笑泉"。

喊泉:位于安徽寿县以北。当有人站在泉边大声叫喊时,泉水就会大股涌出;如果小声叫喊,泉水则小股涌出。

冰泉:陕西南田有一口井泉,深数丈,水落入井底立刻成冰,一年四季如是。

甘苦泉:河南焦作太行山南麓,有一对并列的泉眼,间距仅1尺左

右，但流出的泉水味道却一苦一甜，迥然不同。

鸳鸯泉：湖南湘西洞口县桐山乡有一对并列泉，相距不到 3 米，一侧为 40℃的热水温泉，另一侧却为不到 20℃的冷泉，人们称二泉为"鸳鸯泉"。

报震泉：新疆腾格里沙漠深处有一口鸣泉，每当地震前夕，就会发出声似短笛的鸣叫声，几里之外都能听到，当地人称报震泉。

香水泉：河南省睢县城南有条地下流泉，带有槐花香味，醇香绵长，人称槐花水。

桂林山水

桂林，位于广西东北部，是世界著名的旅游胜地和历史文化名城。

桂林地处漓江西岸，以盛产桂花、桂树成林而得名。典型的喀斯特地形构成了别具一格的桂林山水，桂林山水是对桂林旅游资源的总称。桂林山水一向以山青、水秀、洞奇、石美而享有"山水甲天下"的美誉。

一、"甲天下"的明珠之城

桂林是世界著名的旅游胜地和历史文化名城，地处漓江西岸，以盛产桂花、桂树成林而得名，典型的喀斯特地形构成了别具一格的桂林山水。一句"桂林山水甲天下"传响了桂林这座城市，也奠定了桂林蜚声遐迩的名城格调。桂林山水以山青、水秀、洞奇、石美而享有盛誉。

1982年，国务院公布的首批24个历史文化名城中即有桂林。后来桂林又跟进了"阳朔风景甲桂林"的宣传，更让桂林成为令人神往、不睹不快的风景胜地。2009年，桂林漓江风景区以83公里岩溶水景入选中国世界纪录协会世界最大的岩溶山水风景区，成为中国旅游的又一世界之最。桂林成了名副其实的山水明珠之城。

（一）桂林概况

1. 重要的地理位置

桂林地处南岭山系西南部，广西壮族自治区东北部。位于湘桂走廊南端，平均海拔150米，北面及东北与湖南省交界，西面及西南与柳州地区相连，南面及东南与梧州市、贺州市相连，毗邻广东省，交通发达，自古是战略要地。桂林地势北高南低，多为石灰岩岩溶地区，市辖秀峰、象山、七星、叠彩、雁山五城区和灵川、兴安、全州、临桂、阳朔、平乐、荔浦、龙胜、永福、恭城、资源、灌阳十二县。

2. 名城的历史变迁

桂林历史悠久，是一座具有2000多年历史的文化名城，桂林先后成为郡、州、府、县治的所在地。远在一万年前，桂林宝积岩和甑皮岩洞穴已有先民居住。上古三代，桂林一直是"百越"人的居住地。贾谊《过秦论》记载：（秦国）"南取百越之地，以为桂林、象郡。"这是指公元前214年，秦始皇开凿灵渠沟通湘漓水系，置桂、象、南海三郡，这就是"桂林"名称的最早起源，而桂林也拉开了与华夏文化充分融合的序幕。自此，桂林就成为中国西南部各民族聚居的重镇，兼具军事、经济、文化中心的功能。在很长的历史年代中，桂林一直是王公贵族镇守西南的驻地，也曾是广西乃至西南的区域性首府。

桂林在明代之前多被称为"桂州"。民国后改桂林县，1940年始设桂林市，曾长期作为广西省会。广西简称"桂"，又被誉为"八桂大地"，这都与桂林有关。1981年、1983年阳朔、临桂划归桂林市管辖。1998年9月8日，经国务院批准，桂林市和桂林地区合并，组建成现在的桂林市。

3. 多彩的地域风情

鬼斧神工的山川秀水与多姿多彩的民族风情相互辉映，构成了桂林独特的地域风情。从地理位置上看，桂林地处湘江流域与珠江流域之间，而论文化形态，桂林却更接近长江流域，包括方言口音都更像四川、湖北等地。

桂林境内有壮、苗、瑶、侗等28个少数民族共70多万人口，占全市总人口的8.5%左右，多民族会聚的淳朴民风、独特的地域文化，诸如农耕、游牧、节庆、服饰、饮食起居、婚丧、建筑、语言文字、宗教信仰等，构成了一幅浓郁而又色彩斑斓的民俗风情画。

壮族同胞是开朗热情的民族，喜好歌唱，善于用歌声来赞美生活，表达情感。古有刘三姐，今有木叶歌，壮族同胞不分男女老少都是唱歌能手，无论是生产劳动、婚丧嫁娶，还是逢年过节、祭神祈福，都少不了壮族人美妙动听的歌声。壮族有三月三歌节，有个"赛歌择婿"的故事。从前，有位壮族老歌手的闺女长得十分美丽，又很会唱山歌，老人希望挑选一位歌才出众的青年为婿。各地青年歌手纷纷赶来赛歌求婚，这就是壮族三月三歌节的由来。从此，每逢歌节这一天，男女青年盛装打扮会集到一起，通过对歌显示才能、交流思想、披露心声，找寻自己的意中人。壮族人还有著名的壮锦，现在壮族人美丽大方的民族

服装就是由壮锦做成的。

苗族文化极其丰富。苗族人能歌善舞。有刺绣蜡染，工艺独特。苗族人崇拜自然，信仰万物有灵，在漫长的历史中孕育出了很多富有民俗风情的传统节日，正月有踩花山、古隆坡会，二月有爬坡节、姊妹节，三月有杀鱼节、挑葱会，四月有四月八、牛王节，五月有跳花节、龙舟节，六月有闹鱼会、吃新节，七月有赶秋场、新米节，八月有古隆坡会、中秋节，九月有烤鱼节、尝新米节，十月有苗族最重大节日——苗年，十一月有牯脏节。苗族的旧年和汉族的春节相似，农历十二月下旬，家家舂糯米，买年货，出嫁的女子也随同丈夫回娘家，到正月初七才能回夫家。苗族还有除夕洗脚的习俗。沈从文先生的散文给我们留下了苗族人美丽的爱情故事和民族风情。

瑶族住高山区，大桶药浴，淋漓痛快，驱风去病，实属民间一绝。农历5月14日是瑶族的打旗公节，粽子祭祖，祈祷丰年。龙胜境内的瑶族分为盘瑶、花瑶和红瑶。盘瑶因崇拜"盘瓠"而得名，又名过山瑶；花瑶因其妇女服饰花色花纹多而得名；红瑶妇女服装分饰衫、花衣、便衣三种，从红瑶妇女的头饰就可区分少女、未婚妇女、已婚妇女。

侗族人热情爽朗。一杯拦路酒，醉人心扉。一曲拦路歌，情真意切。"月也"拦路歌是侗族迎客送客时所唱，"月也"是侗语，意为集体出访做客，多在每年的农历正月和八月举行。侗族擅长建筑，宏伟壮观、凌厉飞扬的鼓楼和风雨桥，是龙胜侗乡的重要标识。这些建筑全杉木结构，凿榫穿枋，架挑对接，吊脚悬空，不用一钉一铆，体现出一种朴素自然之功。

瑶族人善舞，尤以长鼓舞、捉龟舞、黄泥鼓舞、盘古兵舞、八仙舞、白马舞、狩猎舞、蝴蝶舞、三元舞、师公舞最为盛行，在每年农历十月十六日、七月初七、六月初六等瑶族节日里都可以欣赏到瑶族精彩的舞蹈表演。

（二）山水盛誉

桂林自古享有"山水甲天下"的美誉，是中国乃至世界重要的旅游胜地。

桂林风景秀丽，以漓江风光和喀斯特地貌为代表的山水景观，有山青、水秀、洞奇、石美"四绝"之誉，是中国自然风光的典型代表和经典品牌。"千峰环野立，一水抱城流"，景在城中，城在景中，是桂林城市独具特色的魅力。

游桂林，独秀峰是必去之地。独秀峰有一镇山之宝，便是"桂林山水甲天下"的石刻。

"桂林山水甲天下"的诗句一直作为点评桂林山水景色的不朽名句，但此语出自何人之口却悬而未决。在 2001 年举行的"桂林山水甲天下"诗作研讨会上，中国诗词、文博专家一致认定：此句出自南宋王正功的诗作。

"桂林山水甲天下"的名句，从清末到 20 世纪 80 年代，在学术界一直争论不休。曾经比较流行的说法是：南宋宝佑六年（1258 年），李曾伯在《重修湘西楼记》中写下了"桂林山川甲天下"之句；清光绪壬午年（1882 年）广西巡抚金武祥在《漓江诗草》中把李曾伯写的"山川"改为"山水"，写成了"桂林山水甲天下"的诗句。

20 世纪 80 年代中期，桂林市文物工作者对独秀峰石刻进行全面调查清理，发现一块自明清以来就从来没有被人知道过的摩崖石刻，上面一字不差地刻有"桂林山水甲天下"的字句，书写者是南宋庆元、嘉泰年间担任过广西提点刑狱并代理静江知府的四明（今浙江宁波）人王正功，1201 年刻在独秀峰的读书岩口，后来被溶岩遮盖。此次发现及随后的论证结束了百年的不休争论。

二、桂林四绝

桂林山水之所以备受青睐，享有盛誉，是因其汇集了"山青、水秀、洞奇、石美"四绝。唐朝诗人韩愈的"江作青罗带，山如碧玉簪"的诗句，是桂林山水的最佳写照。因此四绝，桂林从古至今陶醉了游人无数，吸引了无数的文人骚客。桂林风景区是世界上规模最大、风景最美的岩溶山水游览区，成为了中国最具魅力特色的景点之一。

（一）山青

桂林的山，青是色，奇、秀、险是其神韵。桂林的山妩媚、秀美、各具姿色。一座座拔地而起，各不相连，或像老人、像巨象、像骆驼，奇峰罗列，形态万千；或像翠绿的屏障，像新生的竹笋；再或是危峰兀立，怪石嶙峋，意蕴万千。

象鼻山：桂林的象征

象鼻山位于桂林市东南漓江右岸，山因酷似一只大象站在江边伸鼻吸水，因此得名，是桂林的象征、城徽，是大自然三亿六千万年前让人不可思议的作品。象鼻伸入漓江形成的水月洞，有如一轮明月静浮水面，集奇石、秀水、倒影一体，成为历代诗人吟咏不绝的千古题材，是游人到桂林的必游之地。

由山的西边拾级而上，可达象背。山上有象眼岩，左右对穿酷似大象的一对眼睛，由右眼下行数十级到南极洞，洞壁刻"南极洞天"四字。再上行数十步到水月洞，高1米，深2米，形似半月，洞映入水，恰如满月，到了夜间明月初升，象山水月，景色秀丽无比。宋代有位叫蓟北处士的游客，以《水月》为题写下这样的绝句："水底有明月，水上明月浮。水流月不去，月去水还流。"

与真实的大象相比，这只象刻画出了中国国画的古典美。正是这只象，成为桂林的城徽，也是桂林各民族共同崇奉的神圣图腾。

伏波山：伏波胜境，文渊荟萃

伏波山位于桂林市中心漓江边，它孤傲挺拔，半枕陆地半插漓江，漓江流经这里，被山体阻挡而形成巨大的回流，古人取"麓遏澜洄"，制伏波涛的意思，名其为伏波山。

伏波山据说是东汉年间伏波将军马援为了平定洞苗叛乱在此屯兵而留下的古迹。伏波山下有块倒垂的钟乳石与地面欲接未接，据说是伏波将军的试剑石。

伏波山素以岩洞奇特、景致清幽、江潭清澈而享有"伏波胜境"的美誉。山腹的还珠洞穿山而过，直通江边，洞内存留着唐、宋石刻、摩崖造像以及历代名人在此留下的赞美诗词，让人感慨它千古不变的永恒魅力！

叠彩山：江山会景处

叠彩山是唐代桂管观察使、文学家元晦开发的旅游胜地，按照《图经》"山以石文横布，彩翠相间，若叠彩然"而将其命名为叠彩山。叠彩亭、于越山、四望山、仰止堂、风洞、望江亭、拿云亭、明月峰、仙鹤洞、木龙洞、叠彩琼楼……处处胜境。

在叠彩亭看"叠彩"美石，在风洞感受习习凉风、观赏摩崖石刻造像，驻足望江亭看两江四湖风光，登明月峰顶鸟瞰桂林全景。隋唐时游览就"车马为之阻塞"，今天更是游人如织，被称为"江山会景处"。山上还有明末抗清志士殉难的遗迹和古碑。叠彩山麓的双忠亭，怀念的是南明时期壮烈牺牲的瞿式耜和张同敞两位先贤。

独秀峰：南天一柱

独秀峰位于桂林市区王城内。它平地拔起，孤峰独秀，群峰环列，为万山之尊。人们早用"南天一柱"来形容它的挺拔。南朝文学家颜延之咏为"未若独秀者，峨峨郛邑间"，算现存最早的桂林山水诗了。读书岩相传就是这位著名文学家的读书之处。唐人郑叔齐称"不籍不倚，不骞不

崩，临百雉而特立，扶重霄而直上"。明代大旅行家徐霞客在桂林旅游月余，却因未能登上此峰为憾。清袁枚留诗曰："来龙去脉绝无有，突然一峰插南斗。桂林山形奇八九，独秀峰尤冠其首。三百六级登其巅，一城烟火来眼前。青山尚且直如弦，人生孤立何伤焉！"从西麓拾级而上，登306级石阶即可到达峰顶，在此俯瞰，桂林数十里奇山秀水一览无余。这就是袁枚笔下的登峰美景。独秀峰又名紫金山。山麓有"桂林山水甲天下"石刻、月芽池等景点。

龙脊梯田：天人合一

龙脊梯田位于龙胜县东南部和平乡境内，有一个规模宏大的梯田群，如链似带，从山脚盘绕到山顶，小山如螺，大山似塔，层层叠叠，高低错落。其线条行云流水，潇洒柔畅；其规模磅礴壮观，气势恢弘，有"梯田世界之冠"的美誉，这就是龙脊梯田。龙脊梯田距龙胜县城27公里，距桂林市80公里，景区面积共66平方公里，梯田分布在海拔300至1100米之间，坡度大多在26至35度之间，最大坡度达50度。虽然南国山区处处有梯田，可是像龙脊梯田这样规模的实属罕见。龙脊梯田始建于元朝，完工于清初，距今已有650多年历史。龙脊开山造田的祖先们当初没有想到，他们用血汗和生命开出来的梯田，竟变成了如此妩媚潇洒的风景世界。在漫长的岁月中，人们在大自然中求生存的坚强意志，在认识自然和建设家园中所表现的智慧和力量，在这里充分体现出来。

猫儿山：华南第一峰

猫儿山景区处于桂林"金三角"旅游区的中央，主峰海拔2141.5米，号称"华南第一峰"，是漓江、浔江、资江发源地，是桂林漓江山水的"命根子"。景区内风景秀丽，气候宜人。华南绝顶、穿仙洞、通天道、华南虎、猫岳佛光、睡美人、铁杉荟萃、漓江源、杜鹃花廊、龙潭、十里大峡谷、剑崖大瀑布以及1996年发现的美国二战援华飞机（飞虎队）失事之地等是猫儿山的代表景色。

月亮山："中国最美的乡村"

月亮山位于桂林市平乐县青龙乡郡塘村，是目前中国所有月亮山当中最秀丽、最险峻，也是最具有旅游开发价值的。当地村民正准备把这里建设成为中国最美的乡村。同时，这里也非常适合户外攀岩运动。

八角寨：品味丹霞之魂

八角寨又名云台山，主峰海拔 814 米，因主峰有八个翘角而得名，丹霞地貌分布范围 40 多平方公里，其发育丰富程度及品位世界罕见，被有关专家誉为"丹霞之魂"、"品位一流"。其山势融"泰山之雄、华山之陡、峨眉之秀"于一体。八角寨东、西、南三面均为悬崖绝壁，只有沿着西南坡的一条古老、陡峻崎岖的曲径可登山顶。登斯山顶，方晓天地之博大，悟人生之真谛。景区中的眼睛石完全出自于大自然的鬼斧神工，栩栩如生，形神毕肖，令游者和文人骚客浮想联翩，遐思泉涌。云台山八角，险、峻、雄、奇、秀、幽自然结合，似鬼斧神工凿就。其一角名叫"龙头香"，横空出世，宛若巨龙昂首欲飞，上接苍穹，下临深渊，山势雄伟险峻，堪称一绝。

尧山：桂林佳境

来桂林旅游一定要上尧山游玩，不管哪个季节尧山的美景一定不会让你失望。因为尧山是以变幻莫测、绚丽多彩的四时景致闻名于世，它将桂林山水的四季图表现得淋漓尽致。春天，满山遍野的杜鹃花将一座层峦叠嶂的大山打扮得姹紫嫣红；夏天，满山松竹、阵阵碧涛、山川竞秀、郁郁葱葱；秋天，枫红柏紫、野菊遍地；冬天，雪花纷扬、白雪皑皑、冰花玉树，别有一番情趣。乘观光索道可直达尧山之顶，极目四望，山前水田如镜，村舍如在画中，"千峰环野绿，一水抱城流"的桂林美景尽收眼底，峰海山涛，云水烟雨的桂林山水就如同一个个盆景展现在眼前。因此，尧山被誉为欣赏桂林山水的最佳去处，在山顶向东南方望去，巨大的天然卧佛，犹如释迦牟尼睡卧于莲蓬之上，这是迄今发现的最大的天然卧佛。这里还有全国保存最完整的明代藩王墓群——靖江王陵，它规模宏大辉煌，所出土的梅瓶名扬四海。

天门山：百卉谷生态景园

山形峻秀，岩壑多奇，源于典型的丹霞地貌。其三十八岩、十九

涧、二潭、六泉、八石等构成"百卉谷生态景园"。汇天下本草于一地的百药谷，药香盈溢。主峰"三娘石"宛如一柱擎天，"天门壁画""天脊""一线天""忘忧泉""桃花岛""天门古寺"等20多处绝好佳景，汇聚成仙山琼阁之境。

七星山：天上北斗，人间七星

七星景区位于桂林市区漓江东岸边，因七峰并峙，宛如天上的北斗七星而得名。可谓是"天上北斗，人间七星"。一千多年前的隋唐时期七星景区就形成了"北斗七星"、"栖霞真境"、"月牙虹影"、"驼峰赤霞"、"龙隐奇迹"等名胜。骆驼山因酷似一匹伏地的单峰骆驼而得名，被誉为桂林市的第二城徽。每当晚霞初现，红光洒照骆驼山上，则又演绎了一张桂林八景图——驼峰赤霞。整个景区集山、水、洞、石、庭院、建筑、文物的精华，是桂林公园的杰作。内有始建于宋代，距今已有700多年历史的花桥。花桥全长130多米，分为水桥和旱桥两部分，而水桥的四个石拱与水中的倒影状如四轮满月，人称"花桥虹影"。这里还有中国最大的花岗石浮雕"华夏之光"。该浮雕长106米，高5米，从医学、文化、科技、农业、建筑等方面反映了中华民族的灿烂文明。其中"华夏之光"四个字由美籍华人、诺贝尔物理学奖获得者李政道先生亲笔题写。矗立壁画中央的是高4.5米，由一整块重达30吨的曲石雕凿而成的四足举鼎。鼎四壁均刻有各种吉祥图腾，刀法古朴，构图新颖，寓华夏神州祥和昌盛之兆。

（二）水秀

漓江：玉带神韵

漓江是桂林之魂。漓江风景区之所以是世界上规模最大、风景最美的岩溶山水游览区，千百年来都让人流连忘返，其灵魂就是北起兴安灵渠、南至阳朔一带的漓江。可以说，是漓江点化了"桂林山水甲天下"的神韵。

漓江这条玉带，"水绕青山山绕山，山浮绿水水浮山"，被誉为世界上最长最美的画廊。漓江发源于兴安县猫儿山，从桂林到阳朔 83 公里水程，漓江像蜿蜒的玉带，缠绕在苍翠的奇峰中，造化为世界上规模最大、景色最为优美的岩溶景区。漓江风光尤以阳朔为最，"桂林山水甲天下，阳朔山水甲桂林；群峰倒影山浮水，无山无水不入神"，高度概括了阳朔自然风光的美。

乘舟泛游漓江，可观奇峰倒影、碧水青山、牧童悠歌、渔翁闲钓、古朴的田园人家，无处不诗情画意。

黄牛峡：九牛戏水

漓江流经此处，方向陡转，水分为二，将山前的江滩分为三个小洲，江水拍击三个洲头，洲上绿草如茵，芦竹交错，偶见牧童悠闲。江中有九块石头，传说为九头牛所化，故称"九牛戏水"。过黄牛峡后，在漓江西岸即见望夫山。山巅上有仙人石，如一穿古装的人正向北而望；山腰处一石如背着婴儿凝望远方的妇女。

半边渡：出水芙蓉

半边渡离绣山约两公里，江左岸有一驼形石山。这里石壁险峻，峰峦如朵朵出水芙蓉，倒映于绿波碧水之中，正是"此地江山成一绝，削壁成河渡半边"。

杨堤风光：十里翠屏

在漓江西岸的鸳鸯滩下，距桂林约 46 公里处。杨堤两岸翠竹成林，连成十里的绿色翠屏，摇曳在青山、秀水、飞瀑、浅滩之间，给人以清幽、宁静之感。

从杨堤村后的人仔山眺望杨堤，映入眼帘的更是一幅绚丽多彩的自然风光：洲上阡陌纵横，庄稼如茵；山村竹树葱茏，炊烟袅袅；水上渔筏摇曳，鸬鹚斗水；山涧牛羊欢叫，牧笛悠扬。如果遇到阴雨天气，就能目睹漓江著名的"杨堤烟雨"景观——就像中国山水画，群峰绿水之间，景物隐约迷离。

浪石风光：幻景天成

在漓江左岸林茵翠海中，可见青砖黛瓦村舍依江而立，叫浪石村。到此，就进入漓江景区的

山水精华所在。两岸奇峰罗列，水曲天窄，右岸有大黄山、文笔峰、笔架山、狮子山等，高低错落；左岸有观音山、白兔山、金鸡岭等，千姿百态。游览至此，但知船伴山行，不觉山回浪转，前望水穿江峡，旁视峡衬帆影；或则云遮雾绕，烟波渺渺，山川隐约，幻景天成。

中国著名水文景观

九马画山：奇物在人间

九马画山在漓江东岸画山村附近，距桂林约 60 公里处。它五峰连属，临江石壁上，青绿黄白，众彩纷呈，浓淡相间，斑驳有致，宛如一幅神骏图，因有九马画山之名，简称画山。九马栩栩如生，神态各异，或立或卧，或奔或跃，或饮江河，或嘶云天，正如清代诗人徐沄的诗所赞叹的："自古山如画，而今画似山。马图呈九首，奇物在人间。"

黄布滩：最美丽的漓江倒影

黄布滩因滩底有一块米黄色的大石板，似一匹"黄布"而得名。漓江山色美，美在倒影中。漓江倒影要数黄布滩最美丽、最醉人了。这里水平如镜，清澈澄碧，绿竹护堤，倩影婆娑，山峦、翠竹、蓝天、白云倒映在碧水之中，山水一体，水天一色。最能概括此景的是清朝诗人袁枚的名句："分明看见青山顶，船在青山顶上行。"

兴坪镇：漓江风景荟萃之地

四周山峦奇秀，景观丰富：东有僧尼相会、狮子望天、罗汉晒肚诸景；北有寿星骑驴、骆驼过江等山；西有笔架山和美女峰；南面地势开阔，螺蛳山、鲤鱼山和远出群峰相衬，高低错落，疏密相间。

漓江在这里回旋曲流，幽深澄碧，把江两岸的景色，皆泼墨于水面。疏林、新篁、红帆、农舍则好像镶嵌在山水画中。景色之妙，难以彩绘笔录。

遇龙河：田原牧歌式的回归

遇龙河是漓江在阳朔境内最长的一条支流，全长 43.5 公里，流域面积 158.47 平方公里，流经阳朔县的金宝、葡萄、白沙、阳朔、高田等 5 个乡镇、20 多个村庄，人称"小漓江"，不是漓江胜似漓江。

整个遇龙河景区，没有任何现代建筑、人工雕琢痕迹，一切都那么原始、自然、古朴、纯净，实为桂林地区最大的纯自然山水园。国内外专家一致确认："遇龙河是世界上一流的人类共有的自然遗产。"遇龙河两岸一派田园风光，赏心悦目。天平绿洲、情侣相拥、平湖倒影、夏棠胜境、双流古渡、梦幻河谷等等，让人仿佛进入了天人合一的诗意境界，返璞归真的自由天地。广西最著名的三座古桥——遇龙桥、仙桂桥、富里桥都在遇龙河景区，而被誉为"将军府第"、"进士楼阁"的旧县村就在遇龙河畔，唐代归义县遗址、潘庄遗址、徐悲鸿画室、明清时期留下的古宅民居，使人顿生怀古忆旧之情。

资江：别具一格的山水画廊

资源县境内最大的一条河，发源于华南第一峰猫儿山东北麓，浩浩北去，流入湖南省境内，最后注入洞庭湖，属长江水系。资江漂流河段自县城下游5公里至梅溪乡胡家田，全程22.5公里，下45个滩，拐31道湾，既有自己别具一格的雄伟险峻，又有桂林漓江的清纯秀丽。著名诗人贺敬之盛赞"资江漂流，华南第一"。资江两岸植被保护良好，流量、流速相对稳定，似一条玉带穿梭于奇山峻岭之间。漂流风光旖旎的资江，犹如步入一条长长的山水画廊。

五排河：幽谷探秘好地方

五排河位于华南第一峰猫儿西南麓，发源于海拔1 883米的金紫山，是资源县境内第二大河，流经车田、两水、河口三个民族乡后，滔滔西去，汇入柳江，最后流入珠江，属珠江水系。一县之内的两条大河，分属长江、珠江两大水系，成为资源旅游的一大显著特点。

五排河从车田到河口30余公里的河段，是漂流览胜的好去处。乘竹筏或橡皮船漂流五排河，简直就是置身于幽谷探秘。峡深谷幽，滩险流急，山高石奇，两岸风光优美，民俗风情浓郁，一切尘世间的喧嚣顿然销声匿迹，江流把人带进了一个古朴、原始的纯自然境界。

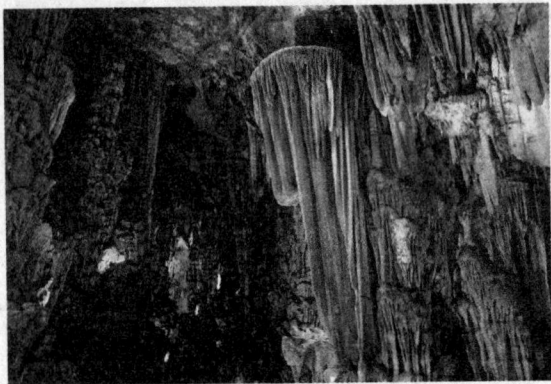

宝鼎瀑布：银色巨龙破云天

宝鼎瀑布发源于华南第二高峰真宝鼎，似一条银色巨龙穿破云天，气势磅礴，声籁清绝。瀑布水流量大，落差近 700 米，从瀑顶到瀑底，几经周折，形成九级直落宝鼎湖。明代旅行家徐霞客赞之："悬崖飞瀑，长如布，转如倾、匀成帘。"宝鼎湖面积为 705 亩，最深处 50 米，平均深度 35 米，犹如一面大明镜镶嵌在群山之中，泛舟其上，湖光山色，尽入眼帘，令人心旷神怡，流连忘返。

（三）洞奇

桂林溶洞是桂林山水的又一名片，数量多，景观奇，风景幽。目前，桂林发现洞穴遗址总数 71 处，是中国洞穴遗址最多的城市。目前已开发有芦笛、七星、穿山、白龙、聚龙、莲花、碧莲、冠岩、丰鱼、罗汉肚、神宫、金山、碧水、都乐、白莲共 15 个钟乳石溶洞。

芦笛岩：桂林山水的璀璨明珠

芦笛岩是一个地下溶洞，深 240 米，长约 500 米，最宽处约 90 米，景色奇彩绚丽。芦笛岩内钟乳石、石笋、石柱、石幔、石花玲珑多姿，景象万千，由此所组成的雄伟"宫殿"、高峻"山峰"、擎天"玉柱"、无边"林海"无比雄奇瑰丽，耀眼夺目，因此芦笛岩享有"天然艺术宫"之美称。洞内主要景点有狮岭朝霞、石乳罗帐、青松翠柏、盘龙宝塔、云台揽胜、帘外云山、原始森林、琉璃宫灯、远望山城、幽景留听等。

七星岩：地下天然画廊

七星岩与芦笛岩并列为"桂林两大奇洞"，位于市东普陀山西侧山腰，原是地下河，现为以洞景制胜的风景游览点。洞内分上、中、下三层，上层高出中层 8—12 米；下层是现代地下河，常年有水；中层距下层 10—12 米。供人游览的中层，犹如一条地下天然画廊，游程长达 800 米，最宽处 43 米，最高处 27

米。洞内钟乳石遍布，洞景神奇瑰丽，琳琅满目，状物拟人，无不惟妙惟肖。主要景点有石索悬锦鲤、大象卷鼻、狮子戏球、仙人晒网、海水浴金山、南天门、银河鹊桥、女娲殿等。景物奇幻多姿，绚丽夺目。

永福岩：未来桂林最美的洞穴

永福岩位于永福县。它既有大量发育、广泛分布的次生碳酸钙沉积形态景观，又有美不胜收的池、塘及瀑布景观，还有千变万化的断面形态及蚀余小形态景观，是桂林旅游区许多游览洞穴所不具备的，最能代表桂林岩洞的特点。洞内空气质量为一级优良标准。岩洞的非岩溶丘陵区植被覆盖良好，郁郁葱葱，开放度极高。

（四）石美

以石灰岩地貌为主的桂林，岩溶地貌发育很好，也最为典型。其间河谷开阔平缓，山峰平地拔起，孤峰、峰丛、峰林环布，石美由此而来。

"喀斯特"奇观享誉世界

在桂林青山绿水的天然图画中，自然奇石怪岩同样绰约风姿。

原来亿万年前桂林是海底，沉积了一层又一层的石灰质、泥质、沙质而形成沉积岩。由于后来地壳上升运动，桂林变成了陆地。沉积岩却很脆很松，受

到挤压的岩层就容易弯曲起来，或者干脆断裂上升或下沉，地面就高低不平，形成群山峻峭。后来这些岩石不断受到自然水的淋洗，而沉积岩有丰富的缝隙，当地质变动又加深了岩体的裂缝，因而增加了岩体的透水性。自然界的水又含有各种酸类，使碱性的石灰质不断被溶解、被侵蚀，而侵蚀空了的岩体则会崩塌下来成为溶洞。被溶解了的石灰质则随水流到别的地方，当水分被蒸发掉而重新沉积下来，成为各种形态的石钟乳、石笋、石柱。这就将地上和地下的特色组合成有名的"喀斯特地貌"。

"桂林石"独具魅力

经过多次强烈的地壳运动形成一系列断裂破碎带，构成了色泽各异、品类繁多的彩卵石、腊卵石。通常人们就将这些彩卵石、腊卵石称为桂林石。

"碑林石刻"集大成者

桂林象征之象鼻山就有历代石刻文物50余件，多刻在水月洞内外崖壁上，其中著名的有南宋张孝祥的《朝阳亭记》、范成大的《复水月洞铭》和陆游的《诗礼》。有历代摩崖石刻3 000多件，其中"桂海碑林"、"西山摩崖石刻"最为著名。在漫长的岁月里，桂林的奇山秀水吸引着无数的文人墨客，使他们写下了许多脍炙人口的诗篇和文章，刻下了两千余件石刻和壁书，这些独特的人文景观，使桂林得到了"游山如读史，看山如观画"的赞美。

三、山水传说

（一）嫦娥手笔

很久很久以前，桂林这个地方既没有山，也没有水，更谈不上人烟繁盛，桂树成林。那么，桂林这个地方，为什么会生长出成林的桂花树？为什么会有奇山秀水而名满天下呢？这还得从王母娘娘的蟠桃盛会说起。

王母娘娘的蟠桃盛会被孙悟空搅乱后，开不成了，天上四位鼎鼎大名的仙女——嫦娥、织女、麻姑和元女便呼朋引伴，饱览瑶池的风光去了。一路上但见那仙山琼阁，玉树银花，天池荷开，凤鸾和鸣，好一派仙家胜境。麻姑突发奇想说："转了一圈，瑶池不过如此，凭我等的法力，也可造一座出来。"嫦娥当即赞同："说的是，我等何不找个地方，各施法力，也造座瑶池乐乐。"元女小心地说："触犯了天条，可不是闹着玩的。"织女心生一计："那我们到人间去，远离是非之地。"嫦娥道："我等不如即刻分头下界，各造一园，看谁技高一筹。"三位仙女听了，抚掌称妙。于是商定，看谁三天之内能在人间造一座最美丽的林园。

麻姑、织女、元女各展慧眼，大逞妙手，麻姑造出了"天下第一奇观"的云南石林；织女造出了杭州的西湖美景；元女则造出了山河形胜、牡丹花开的河南洛阳，如今都是天下绝妙的美景之地。眼看三天期限将满，嫦娥还没有选中一如意的地方。再看看姐妹们各有擅长，志得意满，嫦娥很是焦急。她往南飞去，忽然看到了如今这个叫作桂林的地方，但见赤地荒野，无水无山，老百姓生活苦不堪言。嫦娥不觉动了恻隐之心，决定改天换地，再造桂林。

于是，嫦娥从月宫中取来

桂花树种，仙袖一拂，便植下漫野桂花树来。"桂林，桂林，桂树成林。"此后才有"桂林"这个地名。嫦娥又驾着五彩祥云，来到北方的崇山峻岭之间。她向群山吹了一口仙气，一座座大山立刻变成了一匹匹高头骏马，她骑上一匹快马领头，马群便乖乖地随奔南方而来。经过长途艰难跋涉，终于把马群赶到了桂林。嫦娥按照自己设计的图样，将马群变成石山并作了巧妙的安排：这里放三座，那里垒五堆，东边置一座大山，西面摆一排小山，如今你看那高高的猴山就是当年的领头马啊，那马鞍山就是当年嫦娥坐过的马鞍呢……那些石马也像是领会了嫦娥的心意，变成一座座挺拔峻峭而又姿态各异的青山。山上长满绿树，浓荫覆盖，桂林的山就一天比一天更美丽更奇巧啦。嫦娥巧摆石山，使桂林群峰耸立，奇洞幽深，配上原来的桂花树林，真成了百里大花园。遗憾的是没有水，比起杭州西湖来，就显得美中不足，略逊一筹了。嫦娥想仿效织女，到瑶池"借水"，可是王母娘娘早已发觉，将织女监禁起来，并派天兵天将把瑶池看管得严严实实，就连那偌大的天河，也把守得滴水不漏。这天，嫦娥正在桂林花林中绞尽脑汁想办法，赶巧南海观音正从桂林上空经过，被桂花的冲天香气吸引，便循香察看，见到这里处处奇峰林立，挺拔秀丽，千姿百态，巧夺天工，禁不住喜形于色，赞口不绝。可当她环视四野，纵目八方，也不由得感叹道："善哉！善哉！只可惜少了一条江河，损折了许多灵气。"嫦娥一听，正中下怀，忙不迭跑到菩萨面前道："大师所言极是，我正为此发愁呢！"菩萨闻言玉口一开："这有何难，你只在群山之中开出一条河道，再将我这净瓶里的水倒入河中，便会清波荡荡，水到渠成。"嫦娥听了，顿时愁云尽扫，笑逐颜开，谢过观音，接过净瓶，就要去开河道。菩萨一再嘱咐嫦娥，时日五更，一定送还净瓶，否则将被关在蟾宫，不许擅离一步。嫦娥满口答应。在群山之间选择了一条理想的河道，形成一个水绕山环，交相辉映的绝妙佳境。接着，她飞回月宫，取来种树的花锄，按照选定的走向，落锄开去。于是，一条不大不小的河道，就奇迹般地开了出来，有如游龙走蛇，曲曲弯弯。

当嫦娥从兴安经桂林，把河道开到阳朔后，已是四更光景。往南，沟通西江水系，还有几百里路程，五更前是完不成的了。如果河道到此为止，那么阳朔以南的大片土地将永远干旱。她沉思良久，左右为难……天鸡高啼，打破了嫦娥的沉思。她玉牙一咬，豪气陡生，决心冒着被观音惩罚的危险，将河道向如今梧州的方向开去。当嫦娥开出北起兴安，南通西江的数百里逶迤长河之时，太阳神曦和的车轮已跃上东山，她大吃一惊，慌忙把净瓶水注入河道，一泓清流缓缓南去，桂林顿时水光潋滟，倒影生辉，增添了千种姿态，万般妩媚，变成山水甲天下的宝地啦！可是观音老母的净瓶，此刻也失去法力，从兴安随波而下，漂到桂林斗鸡潭就不动了。从此，净瓶化为石山，就是现在的净瓶山。为此，观音大为生气，责令嫦娥归天。桂林的百姓与嫦娥分别时，真是哭声百里，泪满江河。

为了记住这次离别，就把这条河取名离江。江从水，后人就改写为"漓江"。嫦娥回宫后，只能倚窗俯视人间，欣赏自己一手建造的桂林山水。有时禁不住悲从中来，泪水涟涟。那泪珠落在桂林的土地上，形成了美丽的榕湖和杉湖。

（二）试剑还珠

伏波山、还珠洞以它那优美的风景，动人的传说闻名于世。所谓伏波，取波浪回流之义。

伏波山腰，有大悲古洞，倘若进洞，穿幽径、达江边，忽暗而明，豁然开朗。洞临一潭碧水，名伏波潭，称为"蓉镜"。据说，伏波潭里有座水晶宫，水晶宫里有个老龙王。老龙王天天喝美酒，看歌舞，笙歌宴饮久了也愁闷。

乌龟丞相见老龙王整天闷闷不乐，想出个花花点子来。他说："大王，何不把桂林府的各位地仙都请来，在伏波山开个赛宝大会？大王宫中的宝贝，定能稳夺魁首，让众位仙家见识见识，不知大王尊意如何？"

"好！好！快去请！"老龙王喜不自胜，颔首称快。

乌龟丞相得令，立即左爬右窜，安排得热闹红火，不亦乐乎。

不觉时晨已到，各路仙家纷纷来到伏波山下的大岩洞里。而沙洲之上，伏波潭面，更是人山人海，万船千舸。

酒壶山的雷酒人，在手掌上放个晶莹闪烁的玛瑙酒壶，他只装进一滴酒，摇了摇，就去向龙王和仙友们敬酒。奇怪，那酒壶里的酒怎么倒也倒不完。人们都欢呼起来。

南溪山的刘仙翁早已按捺不住。他从腰间取出黄铜秤，吩咐鳅鳝二位力士招来许多巨石，放到秤盘上。只见那巨石一挨到秤盘，马上就缩小了。刘仙翁拎起小秤一称，总共十四万零三斤半。众仙见了，都觉耳目一新，鼓起掌来。现在伏波潭那几块巨石，就是刘仙翁当年秤过的。

接下来，众仙家都不肯示弱，纷纷取出自家宝贝，使出看家本领，要决一雌雄。老龙王见了，暗自好笑，从口里吐出一件宝贝来，原来是一颗硕大无比的夜明珠。夜明珠光芒四射，把洞府照得雪亮；而且每闪烁一下，就变幻出一种美丽的色彩。最令人叫绝的是，那珠子正中，有个对穿的小孔。透过小孔，你能看见三十三层离恨天上的丹墀仙阙，玉宇琼楼；能听到十八层地狱里十殿阎王睡觉的鼾声；能欣赏到万里之外的人间胜景和虚无缥缈的海市蜃楼……

龙王的夜明珠，一时成了赛宝大会上的夺冠之宝。龙王得意地哈哈大笑，口出狂言："斗宝嘛，不管人间天上，上界玉皇大帝，西天如来佛祖，谁敢在我面前逞能献丑！"

"龙王老儿，你太目中无人了！"众仙闻声，定眼看去，却是伏波庙里的揭帝。只见他怒眼圆睁，钢发冲冠，原来是乌龟丞相忙昏了头，忘请他了。

揭帝唰地拔出宝剑，他见洞中有根顶天立地的石笋，便轻轻一挥，石笋的根部就被削断了。揭帝说："这才是小试锋芒。你们上山去看！"说着拉起老龙王就走。众仙家一齐腾云驾雾，来到伏波山顶。揭帝取出一只大铁弓，拉个满月，当的一声天崩地裂的巨响，神剑居然射穿了三座大山，飞到阳朔界外去了。

这三座山就是穿山、桃源月亮山和阳朔月亮山。

后来，人们就把揭帝削断的石笋称为试剑石，传说要想重新接起来，除非桂林出九个状元。可惜从古到今，桂林才出了七个状元。

却说赛宝会不欢而散，老龙王不但自找没趣，而且在忙乱中把夜明珠给弄丢了。他们四处寻找，就是找不到。那珠子能跑到哪里去呢？

在伏波潭前的沙洲上，住着一户打鱼人家，马老汉和小孙女马兰花。马兰花养了九只白鹅，她跟白鹅可好了。有天晚上，有只白鹅从嘴里吐出一颗色彩斑斓的夜明珠来。"马兰花姑娘，"白鹅突然对马兰说话了，"这颗夜明珠是我在潭边找东西吃时，当成螺蛳吃下去的。我本是瑶池的一只仙鹤，因给王母娘娘献舞不得她的欢心，就被打下凡来，明天我的劫数已尽，要返回瑶池。我也想把这颗宝珠带回上界，但你对我恩重如山，我就把它作为离别赠物送给你，你把宝珠卖了，会过上好日子的。"

马兰花说："真的吗？那我告诉爷爷去！"爷爷看到宝珠，忙说："这就是伏波潭老龙王的夜明珠啊，你在哪里得到的？"

马兰花就把刚才的事说了一遍。爷爷说："马兰花呀，别人的东西不应该要，乌龟丞相找不到珠子，要挨老龙王的惩罚的！"

聪明、善良的马兰花懂事地说："爷爷，还珠去。"

哪知刚刚走出大门，便被一个突如其来的绿脸妇人拦住了去路，她是洲上的蚂蟥精，说道："天下居然有你们这样的傻瓜，快，把夜明珠给我！否则，我吸干你们祖孙的血！"

忽然又有人说："哼哼！我一口还能将他祖孙二人吞下肚呢！"

蚂蟥精回头，拦住一个花脸女人，喊道："花蛇精，你来干什么？先到为君，夜明珠理当属于我！"

花蛇精说："好妹妹，你得珠子，最多不就是能腾云驾雾吗？我得到珠子，就能变成真龙。你成全我吧！"

马老汉听了，气得浑身颤抖。花蛇精说："莫气莫气，要是把珠子给我，我让你们一辈子荣华富贵。"

老爷爷气愤地说："我们人穷

志不穷。马兰花，快走。"

蚂蟥精厉声道："有我在，还想溜？"说着就向马兰花扑去。就在这紧要关头，那只白鹅猛地出现在蚂蟥精面前。对马兰花说："快，骑到我背上来！"白鹅张翅一飞，飞到了伏波潭上空。白鹅道："快把珠子丢到伏波潭去。"

扑通一声，马兰花真的把珠子丢到了伏波潭。原先，水晶宫里因为没有了夜明珠，一团漆黑，伸手不见五指；珠子掉下来后，瞬间整个水底世界如同白昼。乌龟丞相兴奋地猛叫一声："夜明珠！"连忙接住宝珠，向龙王请赏去了。

再说蚂蟥和花蛇两个妖精，见马兰花把珠宝丢进伏波潭，恼羞成怒，现出原形。花蛇把爷爷缠住，说要绞死他，蚂蟥也嚎叫要吸干他的血。这时，白鹅驮着马兰花回来了，白鹅从容地说："你把爷爷放了，要宝，我身上就有。"说完现出原形，原来是一只美丽的丹顶仙鹤。丹顶仙鹤的头顶上，有一块晶莹透亮的红宝石，两个妖精见了，争着去抢。丹顶仙鹤和马兰花一起和妖精作战，最后，因体力不支，丹顶仙鹤还原成白鹅，倒在沙滩上挣扎，马兰花也倒在地上，气息奄奄。老爷爷赶来，抱起马兰花和白鹅，泪如泉涌。白鹅凄凉地说："老爷爷，我和马兰花姑娘死后，把我们埋在沙洲上，日后涨再大的水，我也会把洲子浮起来，不让大水淹住马兰花姑娘的坟茔，就算是我报答妹妹和人间的一片真情……"

老爷爷抱着孙女和白鹅失声痛哭，他遵照白鹅的遗言，把孙女和白鹅一同葬在洲子上。植上翠竹，以表白鹅义深情重有气节；栽下马兰草，以表思念孙女之情。人们纪念马兰花姑娘，就把沙洲叫作马兰洲，后来以讹传讹化成了马洲。又因漓江无论涨多大的水，果然淹不上马洲，因此又称浮鹅洲。而伏波山腰的那个洞后来就叫还珠洞。

（三）神象叛主

象鼻山坐落在漓江边，桃花江出口处。象鼻正好伸进漓江之中，酷似一头酣饮江水的神象。象鼻山举世闻名，而离它不远的雄山却鲜为人知。说起来，有一段令人感叹的神话故事。

有一天，一大一小两个怪物来到桂林，小的骑着大的，小的自称"雄凤大仙"，大的名叫"象"。桂林的百姓从来没见过这两个怪东西，都跑出来看热闹。雄怪冷笑一声，轻轻拍拍象头，大象伸出长鼻卷起一个老头，甩到远处的漓江里。人们顿时感到大祸临头，纷纷关门闭户。

雄怪哈哈大笑说："从此以后，我就是桂林的大王，谁不从，我就叫大象吃掉他。"接着他又叫大象拔树、毁田、翻江，好端端的一个桂林城，被两个妖精弄得一塌糊涂。

这情景使牧马老人变成的老人山也慌了神，赶忙跑去叫来嫦娥。

嫦娥怒道："何方来的妖孽，敢来横行霸道！"雄怪狂妄自大，目中无人，根本没把嫦娥放在眼里。"今天不给你点颜色看看，你不知我的利害。"说完变出三十六只手，提了十八般兵器，向嫦娥袭来。嫦娥与雄怪斗了没几个回合，雄怪自知不敌，钻进地里逃跑了。雄怪找到大象，见大象正在漓江里洗澡，气得大骂，边骂边抽出皮鞭，打得大象皮开肉绽。这时嫦娥追来，雄怪化作一道金光逃之天天。嫦娥找来灵芝让大象吃了，大象才恢复了元气。

大象十分感激嫦娥的救命之恩，想到自己以前跟着雄怪做了许多坏事，决定痛改前非。大象留在桂林，要用事实来洗刷自己的罪过。它春天耕田，夏天抗旱，秋收运谷，终于赢得了人们的信任和喜爱。

雄怪第二年来到桂林，见大象居然帮老百姓干活，便破口大骂："真是个没出息的，跟着我有吃有喝多威风，却在这里当奴才！跟我走！"这时的大象已经不比从前了，死活不肯走。人们闻讯赶来，把雄怪团团围住，骂道："恶魔，滚！"

雄怪火冒三丈，抽出皮鞭就打，打得老百姓一个个头破血流。大象发怒了，抛出长鼻，把雄怪卷起一甩，甩到了广东的一个茅厕里。

雄怪万万没想到大象会打主人，决定要出这口恶

气。他返回桂林后，适逢桂林大旱，百姓们正在抗旱，大象正把长鼻伸进水月潭里，吸起水来，喷向庄稼。雉怪趁机偷偷拔出利剑，驾上云头，来到大象头顶，他猛地向象背一刺，长剑穿过大象的肚子，一直刺到地下去了。大象被牢牢地钉在原地，动弹不得。嫦娥见此情景，拿起照妖镜一照，只见金光一道从天而降，雉怪被砸死在大象的后面。

后来，大象和雉怪都化作了石山，分别是象山和雉山。象山上的宝塔，就是当年雉怪刺穿大象所留的剑柄。人们把象山作为桂林的城徽，而雉山再也没有人记得它了。嫦娥的照妖镜砸中雉怪，碎成七瓣，就变成后来的七星岩。

（四）芦笛岩洞

芦笛岩位于桂林西北郊，被誉为"大自然艺术之宫"。岩洞在光明山腹中，山前有芳莲池，池中更有水榭亭台，精巧别致，造型雅趣。山腹里，洞天高阔，曲折幽深，彩灯映趣，更胜仙宫。那琳琅满目的石钟乳、石笋、石幔、石柱、石花……让人感到好像走进了一座艺术殿堂。

从前，芦笛岩里空空荡荡，哪来什么景致。有一年，皇帝做六十大寿，一道道圣旨传下来，要全国各地送金银财宝，异兽珍奇，进贡祝寿。官老爷们借祝寿之名，向老百姓搜刮一场，一时间全国各地被闹得乌烟瘴气，哭声震天。特别是云南、贵州、四川、广西等少数民族地区，更是被搅得鸡犬不宁，怨声载道。

过了不久，川、滇、黔之地的进贡队伍，陆陆续续地路过桂州府。这是支庞大的队伍，上千人的锣鼓喇叭队在前面鸣锣开道，乐声震天，把在月宫里睡午觉的嫦娥给闹醒了。她推开窗子，只见长长的一条队伍像长虫一样爬向北去，道路两旁则是三五成群，哭泣叫骂的百姓，悲声动地，怨气冲天。

嫦娥有些迷惑，于是叫玉兔下到凡间去打探。玉兔来到桂林老人山，向牧马老人询问，老人叹了一口气，道出原委，并叫玉兔快快转回月宫，请嫦娥想办法救救百姓。

嫦娥听了玉兔禀告，气得牙咬得格格响："好你个皇帝老儿，不顾民生疾苦，看我不惩罚你！"

且说，进贡队伍到了湖南，行经湘江，入洞庭，进长江到武汉的水路。嫦娥一看，计上心来。她飞到佛憎国阿罗寺，向十八罗汉借了八万只神乌鸦，等进贡的船队航行到洞庭湖心，她长袖一拂，顿时狂风大作，白浪滔天。把船只全部打翻。八万只神乌鸦大显神通，刁起贡品，一件件送回物主手里。桂林的老百姓，知道是嫦娥做的好事，欢声雷动，感恩不尽。嫦娥想，那些送贡品的狗官一向鱼肉百姓，让他们淹死，也不亏情理；至于当兵的，受人差遣，另当别论。于是又刮了一阵狂风，把那些役兵全部送还原籍。

黔滇川桂的太守、州官得知从各家各户搜刮来的贡品又回到了物主手中，一个个气得吹胡子瞪眼睛。更加变本加厉地派出大批官兵进行抢夺，同时杀了不少人，烧了不少房子，老百姓被害得更惨了。这些情况让嫦娥知道了，心里很不好受。

不久，五郡的进贡队伍再次集结，又准备过洞庭湖。这次官兵害怕狂风翻船，就把所有的船只用铁链连成一片。这样，再大的风暴也不管用了。

嫦娥见了，暗自好笑：我不破你的连环船也能轻取贡品，只是这么多贡品如何处理，倒成了问题，弄不好又像上次那样，老百姓可遭殃了。最后决定先施法术把官府搜刮来的宝物藏到山洞里去，等一年半载，让风头过后，再把财宝退还物主。于是立即行动，一夜之间，人不知鬼不觉地将所有物品从连环船上搬到了桂林郊外。本来，嫦娥想把贡品藏到七星岩里，只因常有游客进洞玩耍，感到不妥，后来东寻西觅，终于找到了桂林西北郊光明山腹中的一个大岩洞，这个洞大得能装下半边天。于是，所有财富一齐由嫦娥施法收进了光明山的岩洞中藏好。嫦娥见洞口太小，怕日子长了被灌木埋没，便在洞口附近种了几丛芦笛作记号，一切料理完毕，才回月宫去。

嫦娥为营造桂林山水，曾

桂林山水

劳累成疾，如今又为收宝之事，忙了几天，回到月宫，不料竟然病倒了，调养将近三月有余，方才好转。这天，嫦娥猛然想起将贡品退还物主之事，不等病体痊愈，便急忙赶下凡来。哪里还找得到主人！原来天上一日，等于世上一年，嫦娥在月宫养了三个多月病，人间早过去一百多个春秋了。物主之家，少说也传了三五代人，你上哪里找去！

嫦娥悔恨不已，却也无可奈何，只好到光明山去看看。此时洞口已让人发现，还有十来个凶神恶煞的家丁提刀握棒、守在那里。

这是怎么回事？原来山下百冲村里，有个放羊娃，天天在山上放羊，无聊得很，看见山上有几丛芦笛长得特别茂盛，就去砍来做笛子吹。无意中让他发现了洞口，进去一看，尽是金银财宝，出来一讲，全村都轰动了。大伙正要挑起箩筐去装运，却被外村的大恶霸知道了。他马上派了家丁来看守，妄想占为己有。

嫦娥心想，让这些财宝留在世上，必然是个祸害，日后不知又要惹出多少是非来，干脆把财宝化为石头，省得人们为它亡命，于是吹了一口仙气，那一洞珍宝便化成了钟乳石。如今芦笛岩里最后一景"雄狮送客"，就是当年的金狮子化成的。

嫦娥因为用手触摸了那些东西，就在洞口开掘了一个偌大的水池洗手，将手上的俗气和铜臭洗尽，并在池里种上莲花，以寄托出淤泥而不染之意。这便是芳莲池的来历。

（五）碧莲风波

碧莲峰是阳朔第一景。"陶潜彭泽五株柳，潘岳河阳一县花。两处争如阳朔好，碧莲峰里住人家。"碧莲峰北侧，有一处崖壁光滑如镜，能照出人的善恶来，故又名鉴山。崖壁之下建有鉴山寺，朝朝暮暮，寺钟悠扬，峰回崖应，古刹情浓。世上的莲花，只有粉红，洁白两种，谁见过碧绿色的莲花呢。碧莲仙子原住在王母娘娘的瑶池里，像坐天牢，她早想跑到人间去了。正巧一天遇上嫦娥，就求嫦娥带她逃到人间。嫦娥十分同情她，就把她变成一张剪纸，贴在衣服上，带出了天宫。带到了阳朔的漓江里。

一天南极仙翁来到阳朔，发现碧莲潭的水特别绿，他定睛一看，啊！原来潭底长着一朵绿色的莲花。仙翁高兴极了，决定挪到南山的天池里，作为镇山之宝。碧莲仙子知道后，不由泪随悲来。原来她已与漓江里的鲤鱼精相爱了，这一去将永难再见。正好鲤鱼精来看碧莲仙子，见她满面愁容，问明原因，也焦急起来。

碧莲仙子哭着说："你快把江水吸干，让我露出水面，化成石头。"鲤鱼精道："我怎么能让你变成石头，就是死，我也要跟你在一块。""我化成了石头，仙翁就不会要我了，我俩还能天天见面，如果我被移种到天池，我们就永远不能见面了，赶快吸水吧，仙翁马上就要来了。"鲤鱼精一时没了主意，就大口大口地吸起漓江水来，不一会就把漓江水吸干了。碧莲露出水面，见风徒长，硕大如山，不多一会就化为石头，变成一座石山——碧莲峰。仙翁来了一看，想阻止已来不及，大骂鲤鱼精，对着鲤鱼精连吹三口仙气，把鲤鱼精变成了沙洲，这就是鲤鱼洲。至今漓江两岸还流传着"碧莲伴鲤鱼，永远不分离"的歌谣。

（六）螺女逃婚

船过兴坪，不久便到马颈渡口。可以看见漓江右岸的群峰环抱之间，有两座孤峰。高的顶端小而浑圆，好似精工雕琢的头像。整座山峰活像一位端庄贤淑的女子安坐在江边，取名美女峰。

美女峰前面，有一座小山峰，崖壁光洁平滑，恰似安放在少女面前的"铜镜"，这两峰连成一景，俗称"美女照镜"，也叫"美女梳妆"。

离美女梳妆往下约三百米处，有一座高约百余米的孤山，耸立在漓江边，一道粗大的石纹从山脚盘

旋而上，一直绕到山顶，取名"螺蛳山"。从螺蛳山下行约二百米，右岸有一堵庞大的石壁拔江矗立，高达数丈，这就是鲤鱼山。螺蛳、鲤鱼都是住在南海里的，为什么跑到漓江边来安家呢，这还得从嫦娥到南海赴宴说起。

南海龙王三万六千九百岁，请了上界神仙、下界鬼王及四海水族前来喝寿酒。各路客人送去的奇珍异宝，数也数不清。其中嫦娥送的七星玉月，把整个南海照得如同白昼。嫦娥平日清静惯了，便避开众神，一声不响地跑到南海龙王的花园里散心去了。

嫦娥悠然自得，正观赏花园景色，忽然听到假山后面传来嘤嘤的哭泣声，登上平台一看，发现是一个螺蛳姑娘在掩面悲泣。嫦娥忍不住上前探问，方知原委。原来有一条鲤鱼精，见螺蛳姑娘长得美貌，就欲强行娶她为妾，螺姑不从，被鲤鱼精打得红一块，黄一块，螺姑受不了这般虐待，正准备寻短见呢。嫦娥说："你这般年轻，不可轻生，让我想办法帮你。"说着，用手一指，将螺姑变成头钗上的一颗珠子。道别龙王，直奔桂林。

来到兴坪，嫦娥对螺姑说："这里山清水秀，再也不会有强畜欺负你，你就安心在这里生活吧。"从此，螺姑便在漓江里住了下来，自由自在好不快活。日子一久，她发现，兴坪的马颈渡口，一来一往，有大小两条渡船，大渡船是兴坪的大财主刘霸天的，往返载的人多，船跑得快，但漫天要价，老百姓只好忍气吞声。小渡船是一个叫春生的小伙子摆渡的。坐他的船不给钱都无所谓，无奈船小跑得慢，一天也送不了50个人。众人还得坐刘霸天的大渡船。

久而久之，螺姑爱上了春生。日后只要春生一下河来摆渡，螺姑就把身子附在船底下，推着船儿跑。这下不得了，小渡船像长了翅膀似的在江面上穿行，再也没有人去乘刘霸天的大渡船了。刘霸天气得要死，叫打手们把春生抓起来打个半死，同时把小渡船也烧了。春生没了船，只好改行上山砍柴来卖。

一天他到漓江边洗脸，看到水里有一只又大又光的螺蛳游到他面前。春生

中国著名水文景观

146

爱不释手，捧回家，放养在水缸里。到了晚上，春生正在油灯下念书，突然听到扑通一声，水缸盖被掀下地，他一看，只见一个如花似玉的美女从水缸里冒出来。春生吓得连声问："你是人是鬼？"螺蛳姑娘便把原委道了出来，并愿以身相许，春生爽快地应承了。螺姑把螺壳变成鸡公车，螺盖变成滚刀，来到山上，春生只要滚刀一转，一车柴就砍好了，然后抱上鸡公车，一路下山如履平地。

不久，春生取得美媳妇的事又被刘霸天知道了，还得知春生有两件宝贝。就派打手上山，把春生的鸡公车和滚刀都抢了去。春生回家告诉妻子，螺姑随即念动咒语，两件宝贝又飞了回来。刘霸天的师爷说螺姑是妖婆，叫了先生来驱妖，无奈反被螺姑戏弄一番。

鲤鱼精自从螺姑走后就一直在寻找，终于来到兴坪，发现了螺姑。他一眼看出鸡公车就是螺姑的藏身之壳，便一把抓到手，对螺姑说："要么跟我回去，要么一死，随你选择。"螺姑说："我就是死，也不做你的小妾。"鲤鱼精大怒，把螺壳往漓江边一摔，顿时化成石头，同时把螺盖也抛出门外，化成了小石山。螺姑自知难逃，对春生说："夫君多保重，我去了！"出门一头撞在螺壳盖上，化成了一座美人峰，这便是后来的螺蛳山。

春生怒不可遏，要跟鲤鱼精拼命，周围百姓也拿起锄头，一起围攻鲤鱼精。鲤鱼精生性凶残，一时性起杀得村民七零八落，死伤无数。

鲤鱼精自知罪孽深重，于是急忙夺路向漓江边奔去。正当鲤鱼精准备跳到漓江里，潜回南海之时，嫦娥刚好闻讯赶到。说时迟，那时快，只见仙姑抬手

一剑朝鲤鱼精飞去，鲤鱼精立刻化作石山。

如今鲤鱼山上的大洞，就是嫦娥当年用剑刺穿而成的。

（七）望夫石

九牛岭下的江峡叫黄牛峡，沿峡能看到"群龙戏水""青蛙过江"等奇观，接着，就进入了斗米滩。在斗米滩能欣赏到望夫石。

以前，有一对撑船为生的夫妻，正值数九寒冬，他俩逆水行船，备受辛劳。傍晚，夫妻俩泊船江边，遇到一个老妇人，拖儿带女的来向他们讨米。夫妻俩见她们实在可怜，就把仅有的一斗米送给了老妇人。

夫妻俩断粮后，只盼上下游有船往来接济。可那时偏偏没有往来船只，正是屋漏更遭连夜雨。于是，丈夫便天天爬上山去瞭望船只。

有一天，妻子见丈夫久不下山，就上山去找，结果发现丈夫已被大雪冻僵，饿死在山上。妻子一急，也死在丈夫身边。

人们为了纪念这一对好心肠的夫妇，就把他们泊船的地方称作"斗米滩"。后来夫妻俩化为石头，人们便称丈夫为"仙人石"，妻子为"望夫石"。

四、桂林文化

桂林是一座文化古城。两千多年的历史，使它具有丰厚的文化底蕴。公元前214年秦始皇统一天下后，设置桂林郡，开凿灵渠，沟通湘江和漓江，桂林从此便成为南通海域，北达中原的重镇。宋代以后，它一直是广西政治、经济、文化的中心，号称"西南会府"，直到新中国建立。在漫长的岁月里，桂林的奇山秀水吸引着无数的文人墨客写下了许多脍炙人口的诗篇和文章，刻下了两千余件石刻和壁书，历史还在这里留下了许多古迹遗址。陈毅诗云："宁做桂林人，不愿做神仙。"桂林的山水养育了桂林人民，桂林山水之灵气更是培育了一大批桂林山水画家。

(一) 中原文化一脉

桂林城市是一个山水文化的汇集之地。城中城是靖江王城，南天一柱独秀峰是其中心，东西绵延、挺拔俊秀的叠彩山正好成为独秀峰和靖江王城的"靠山"。王城之北有铁封、鹦鹉两山作为屏障，东有漓江为其庇护，西有桂湖形成依托，南有榕杉湖构成附丽。加上桃花江的锦上添花，象鼻山、伏波山、宝积山的巧妙点缀，一个举世无双的山水城市就这样浮出海面。

"桂林山水甲天下"，正是"山青、水秀、洞奇、石美"这自然天成的仙境衍生出丰富瑰丽的山水文化。艺术文史与山水融为一体，堪称天人合一的绝妙注解。山水文化突出地表现在山水诗词、山水画及碑林、石刻壁书上。同时，其多民族色彩的文化同样具有山水特色，如对山歌、龙船调等。

秀美的桂林山与浓郁的民俗风情相结合，使妩媚的山水更添生动，淳厚的民俗风情更添清丽。

桂林市内的刘三姐景观园及少数民族风情园就是广西少数民族文化的一个缩影。

桂林文化的源头在哪里？原来桂林文化与中原血脉相连，那纽带就是兴安灵渠。它沟通了长江水系和珠江水系，将先进的中原文化输送到整个岭南，而其功臣应是不惜劳民伤财的秦始皇。北有长城南有灵渠。郭沫若认为灵渠"诚足与长城南北相呼应，同为世界奇观"。翦伯赞说："不到灵渠岸，无由识始皇。"

通过灵渠中原文化长驱直入，为八桂大地带来惠泽人心的诗文哲学、开启民智的文教体制，为八桂人带来学而优则仕的人生进步理念。南朝，颜谢并称的颜延之为官桂林，长年在独秀峰读书岩读书写作，成为桂林文化城第一个中原文化使者。之后，独秀峰山麓历代建有唐代府学，这是桂林历史上第一个府学；清代贡院，从这里走出了四位状元，人数在整个中国名列第五，他们的英名至今还在靖江王城的及第坊上熠熠生辉，文化薪火，千年承传。

（二）诗中山水

桂林的山水胜景给古往今来的迁客骚人留下了难以计数的名篇佳作。佳作是美景的附丽，而美景也因佳作而名传千里，流芳百世。

唐宋一代的著名诗人、词人、文学家很多都到过桂林，宋之问、萧颖士、韩愈、柳宗元、刘禹锡、刘长卿、许浑、李商隐、张泌、戴叔伦、李群玉、曹邺、戎昱、李端、黄庭坚、范成大、辛弃疾、张孝祥、戴复古等等。当然他们未必是专程旅游，多数是路过或为官于此并在桂林长期生活过，从他们的诗作中，能看到桂林的山水秀色给他们的美丽印象和美好心情。

宋人胡仔在其《苕溪渔隐丛话》中说："余旧览《倦游杂录》，言桂州左右，山皆平地拔起，竹木蓊郁，石如黛染；阳朔县尤奇，四面峰峦骈立。故沈水部彬尝题诗曰：'陶潜彭泽五株柳，潘岳河阳一县花。两处争如阳朔好，碧莲峰里住人家。'余初未之信也。比岁，两次侍亲赴官桂林，目睹峰峦奇怪，方知《倦游杂录》所言不诬。因诵韩、柳诗云'水作青罗带，山为碧玉簪。'又云：'海上群峰似剑芒，春来处处割愁肠'之句，真能纪其实也。山谷老人谪宜州，道过桂林，亦尝有诗云：'桂岭环城如雁荡，平地苍玉忽嶒峨。李成不生郭熙死，奈此百嶂千峰何。'"

看来这"桂林山水甲天下"、"阳朔山水甲桂林"的美誉早在唐宋之时已为人广泛认同。胡仔提到的唐人沈彬的诗就是《阳朔碧莲峰》，宋人欧阳辟有《临江仙·九日登碧莲峰》："涧碧山红纷烂漫，烟萝远映霜枫。倚阑人在暮云东。遥天垂众壑，平地起孤峰。大好家山重九日，尊前切莫匆匆。黄花消息雁声中。寻芳须未晚，与客且携筇。"将登临碧莲峰所见的秋景写得色彩斑斓，奇绝秀美，情致深厚，如痴如醉。

韩愈的"水作青罗带，山为碧玉簪"如神来之笔，秀出了桂林山水的神韵，无怪乎南宋词人张孝祥要将此名句化用在《水调歌头·桂林集句》里："五岭皆炎热，宜人独桂林。江南驿使未到，梅蕊破春心。繁会九衢三市，缥缈层楼杰观，雪片一冬深。自是清凉国，莫遣瘴烟侵。江山好，青罗带，碧玉簪。平沙细浪欲尽，陡起忽千寻。家种黄柑丹荔，户拾明珠翠羽，箫鼓夜沉沉。莫问骖鸾事，有酒且频斟。"上阕的开头引用的正是大诗人杜甫的《寄杨五桂州谭》，用集句将桂林的气候宜人，交通便利，风物秀美，笙歌繁华一一写尽。著名的词人在第二年故地重游，又留下《水调歌头·桂林中秋》，词中道："千里江山如画，万井笙歌不夜，扶路看游头。玉界拥银阙，珠箔卷琼钩。""楼下水明沙静，楼外参横斗转，搔首思悠悠。"看来这桂林不仅山水明秀，而且自古繁华，让人流连忘返，宋人刘褒叹道："恍扬州十里，三生梦觉，卷珠箔、映青琐。"其中不无"欲把杭州作汴州"之感。

桂林气候宜人，山水秀美。白居易有"桂林无瘴气，柏署有清风。山水衙门外，旌旗艨艟中"，将这唐宋时略显偏远的桂林说得如清新俊逸的帅哥，欣欣然不亦乐乎。失意落寞的李商隐在诗中写道："城窄山将压，

桂林山水

江宽地共浮。"一语道出了桂林的山水形胜。

桂林水好，李群玉有"桂水秋更碧"，杨衡有"桂林浅复碧，潺湲半露石"。许浑说桂林"处处山连水自通"。桂林秀色如画，张泌写"溪边物色堪图画，林畔莺声似管弦"。让人陶醉其中。

桂林的山离不开水，水离不开山，山水长相依，于是邹应龙有风致婉然的"无数桂林山，不尽漓江水"。戴复古的"湖上千峰立"干净利落，让人想见水中之山的峻拔，水中山影的深秀。

桂林山多洞奇石怪，戴复古又留诗曰："忆昨游桂林，岩洞甲天下。奇奇怪怪生，妙不可模写……神功巧穿凿，石壁生孔罅。玲珑透风月，宜冬复宜夏。"又写"桂林佳绝处，人道胜匡庐。山好石骨露，洞多岩腹虚。峥嵘势相敌，温厚气无余"。将桂林山石的千姿百态尽措笔端，还大有此中妙，不可与言之处。诗人独享美景，也生出如临仙境之感："中有补陀仙，坐断此潇洒。"

桂林的洞奇是天公与人文荟萃的结晶。南宋乾道年间，诗人范成大出守桂林。写下了《书浯溪中兴碑后（并序）》："九日渡湘江，游浯溪，摩挲中兴石刻，洎唐元和至今游客所题。"可知桂林石刻至宋已积累不少，当然这也是山水美景让诗人才士情不自禁的副产品。

当然，如此秀美的景色也并非尽如人意，武则天时的著名诗人就是一位流落桂林的失意人。"停午出滩险，轻舟容易前。峰攒入云树，崖喷落江泉。巨石潜山怪，深篁隐洞仙。鸟游溪寂寂，猿啸岭娟娟"、"桂林风景异，秋似洛阳春。晚霁江天好，分明愁杀人"、"日暝山气落，江空潭霭微"。这位颇有才华的河南籍诗人给我们写下了声色新鲜、精致奇特的山水美景，却丝毫写不出喜悦的心情，因为政治失意，因为远离中原故土，在如画的桂林潦倒客居，对诗人更是一种折磨，只能"兀然心似醉，不觉有吾身"了却残生。当然这凄婉寥落的一段心情并不能损益桂林山水的盛誉，反而使得桂林的文化底蕴更加丰富，"方驰桂林誉，未暇桃源美"，正是人文荟萃的故事浸润这世外仙境的桂林，让她名驰遐迩，声满天下。

（三）山水画与漓江画派

宋人刘克庄有诗："惟应诗卷里，偷画桂州山。"桂林山水画是指以桂林秀美山水为主要表现对象的画。这些画以传统中国画为主体，以表现桂林山水自然本性的律动与意韵为目的。

桂林山水画在中国山水画中占有独特的地位，在全国许多画展、画册、报刊以及网络上，都随处可见。中国历史上就有很多画家画过桂林山水或以桂林山水成名，如15世纪的石涛及20世纪的齐白石、黄宾虹、徐悲鸿、李可染等。

其实在桂林还有一个自成体系、独树一帜的漓江画派。广西老一辈画家帅础坚、阳太阳、黄独峰、涂克、黄泰华等也曾经创作出大批脍炙人口的优秀漓江山水作品，为漓江画派的成长和发展奠定了良好的基础。20世纪80年代中期以来，以黄格胜为首的广西一批画家，把创作重心放在描绘漓江山水和广西南方的风景上，逐渐形成了有着鲜明地域特色和独特艺术追求的画家群体，这些画家以共同的艺术表现对象和相近的绘画风格，在国内画坛独树一帜，引人瞩目，逐渐形成了"漓江画派"。

（四）民间艺术

精美陶瓷与瓷刻

构思新颖独特，形象生动，制作技术精湛，色彩古朴典雅，又富现代生活情趣。山羊壶、大琵琶瓶、象山壶、山水画瓶系列等数十个品种先后获自治区、轻工部奖励，并在法国、西班牙、西德和日本等国展览。

瓷刻是用硬质工具在瓷器上雕刻各种花纹和图案的工艺品，始于明代。有白坯和彩釉两种，雕刻

桂林山水

内容有人物、花鸟、山水等。作品构图清新，线条流畅，刻画的人物神态生动、栩栩如生，有较高观赏和收藏价值。

玉石雕刻与宝石工艺画

桂林玉石雕刻艺术品制作历史悠久，以陆川石、东兴石、虽腊石、岫岩玉石、龙胜滑石等为材料，因材施艺、雕工精美，造型新颖，颇具魅力。

宝石与绘画结合的艺术器

以绚丽多彩的各类宝石为原料，切割抛光，显现其原有色泽，运用中国画、西洋画技巧，根据宝石的形态，表现山川景观、花鸟人物、民俗风情，制作成各种不同规格的柜式挂件、盘式、花瓶式和屏风式摆件。画面瑰丽，具有浮雕立体感和丰富表现力。

阳朔画扇

以当地楠竹为骨，以宣纸或绢帛为面，经画、染、裱、糊、穿、漆等工序制作而成。阳朔画扇选料考究，工艺精致，画面内容有桂林山水、阳朔风光、花鸟虫鱼、奔马猛兽、古装仕女等各类古今题材，全部由本乡本土的农民画家创作并手工绘制，画扇以此而名。在画的正面、反面或周边配以诗词、书法、篆印，即成为集诗、书、画、刻于一体的旅游工艺器和纪念器。小者盈尺，大者1—2米不等。

绚丽壮锦

壮锦是桂林壮族妇女用各种颜色的丝绒和细纱精心织造的著名的手工艺品。1700多年前的汉代史籍所记载的"斑布"就是当今壮锦的前身。壮锦多以壮族地区的动物图形为图案，织工精巧，线条简练而明快，粗犷而别致，且色彩绚丽，具有浓郁的民族特色。

竹木雕刻艺术品

以天然青竹和黄杨木为材料，运用线雕、浮雕、镂空雕并借鉴中国画技法，表现山川、园林、花鸟、人物等各种题材，主要有茶叶盒、花瓶、笔筒、烟具、竹筷、方竹手杖、屏风、镶嵌壁挂等。刀法严谨，意境深远，虚实相宜，具较高艺术水平。

芒编工艺品

采用本地野生植物，手工精心编织而成。产品经过造模、编织、抽黄、消毒、防虫、防霉、上油等工艺过程，有近千个花色品种，集广西各地芒编制品风格之大成，具有典型的民族特色和浓郁的乡土气息。花篮、吊篮及各种壁挂，新颖别致，匠心独具，既可点缀温馨的雅室又可装饰华丽的厅堂；动物、工艺小车则惟妙惟肖，诙谐风趣；礼品箱、果盘及各式圆桶，造型古朴典雅、美观大方，有很强的实用性。除此以外，还有独具桂林特色的桂绣、梳篦、纸伞、手绘式屏风、针织装饰物等。

（五）民族文化

有着众多少数民族的桂林，民间节庆活动也特别多，风情浓厚的风俗，已成当地旅游的一大风景线。各民族共同的民间传统节日，如元宵节、端午节等，这里都会大庆特庆，热闹非凡。但最为精彩的，无疑是各民族独特的喜庆节日。

苗年

苗年是苗族传统节日。节日当天早晨放鞭炮，连放 3 炮，以示吉庆。节日期间，人们走亲访友，互致祝贺。有些地方伴随举行盛大的斗牛、赛马活动。其中芦笙踩堂活动最为精彩，届时，小伙子芦笙嘹亮，悦耳动听，姑娘们身着节日盛装，头戴龙凤银角、银簪、银梳，踏着笙歌节拍，翩翩起舞。通过踩堂，男女青年可以自由选择情侣。苗年的时间各地不一样，基本都是在秋收结束以后。

农历三月初三

三月三是壮族传统歌节，又叫"歌圩节"、"歌婆节"，分日歌圩和夜歌圩。现在广西壮族自治区政府已将每年农历三月初三定为壮族歌节，正逐渐发展成"三月三"文化艺术节。

花炮节

侗族的传统民俗节日，这一

天要放花炮，第一炮表示人丁兴旺，第二炮是恭喜发财，第三炮是五谷丰登。花炮活动结束后，男女青年聚在一起奏芦笙、跳舞。入夜，点燃篝火，有唱侗戏的，有自由对歌的，一片欢声笑语。花炮节的日期在各个地方都不一样，从正月到十月都有，三江侗族自治县是正月初三（农历，下同），梅林是二月初二，富禄是三月初三，林溪是十月二十六，是否能碰上，就要看你的运气了。

禁风节

农历正月二十日桂林市临桂县庙坪瑶族传统节日。传说远古时，风神发怒，村寨受灾。有神仙指点众人，正月二十日禁声禁风，祭祀风神，果然灵验，这一天便成了禁风节。节前，人们用稻草扎些十字架，压在田头屋角，挂上屋檐。节日期间，禁止一切声音，连晾衣服也只能铺在草地上，为了避免人来人往弄出声响，全寨人都离家到庙坪圩去过节。节日活动多姿多彩，敲锣打鼓，舞狮唱戏，夜幕降临时，对唱山歌。这个原是禁声禁风的日子，变成庙坪圩一次欢乐的盛会。

龙舟节

赛龙舟是中国农历五月初五端午节最隆重的节庆活动之一。桂林龙舟赛每三年在漓江举行一届。各参赛队伍早在半月前就积极准备，反复训练。五月初五早上，比赛尚未开始，漓江两岸围观者已是人山人海。比赛开始，龙舟穿梭于漓江之上，龙船歌不绝于耳，随着威风锣鼓的响声，观赛者人潮涌动，盛况空前。获胜者奖银钱若干，烤猪一头。参赛者视获胜为荣事，好彩头。五月是海内外宾客浏览桂林龙舟赛的好时机。1998年桂林举行了第一届国际龙舟赛，以后每隔三年举行一次大型龙舟赛，邀请东南亚、港、澳和台湾等地区龙舟爱好者组队参加。

恭城月柿节

恭城瑶族自治县位于广西东北部、桂林市东南部，是"中国月柿之乡"、"中国椪柑之乡"。恭城水果已实现规模化生产，产量大，品质优，是全国无公

中国著名水文景观

害水果生产示范基地县，水果总产及人均产量均居广西第一位。

恭城柿子已有近千年的栽种历史，因柿子制成饼后像月亮，恭城人便给柿子取了个美丽的名字：月柿。

资源七月半河灯歌节

资源县农历七月半河灯歌节，历史悠久，是当地民间一年一度民族风俗传统节日。每到七月半，以唱歌放灯寄托缅怀先人、消灾避祸的情思。人们自发携灯，沿河漂放，夜幕下灯光辉煌，形成"万盏河灯漂资江"的壮景。节庆期间，地方特产、民间小吃琳琅满目，经贸洽谈，形式多样，有顶竹竿、舞狮、舞龙、大象拔河、斗鸡、斗羊等古朴的民间体育、娱乐活动。"七月半"莅临资源县城可饱览桂北山区的乡土民情。

龙胜红衣节

龙胜县是多民族的自治县，红瑶是龙胜瑶族的一个支系。红瑶妇女爱穿自己编织的红衣衫，故称红瑶，每年农历三月十五或四月初八是泗水乡红瑶同胞的会期，亦称红瑶同胞一年一度的红衣节。

红衣节是龙胜红瑶同胞所特有的民族节庆日，有着悠久的历史。早在元朝期间，红瑶同胞在每年农历三月十五这天，男女老少身着节日盛装，肩担自己生产的土特产品，成群结对来到街上举行节日盛会，交换一年所需的生活用品和农业生产资料用品，未婚青年则在这一天借机唱山歌、吹木叶，以优雅动听的情歌来相约幽会意中人。红瑶同胞能歌善舞，民间体育活动顶竹杠、拉山拔河、打旗公等十分有趣。红瑶妇女爱盘发，头发又黑又亮又长。红瑶姑娘爱比美，不仅长得漂亮，而且要有文化、善言善歌、心灵美。因此，对山歌，跳长鼓舞，体育比赛，比长发，评寨花，使红衣节内容丰富，非常活跃。

福利五月八节

阳朔县福利民间的传统节日，中国农历每年的五月初八前后，由民间组织在福利镇上开展的民间文艺、体育及祭祀活动。

五月初八，圩上各户扎起三尺六寸高的立式彩灯到镇上公公、婆婆庙前燃放，然后祭祀两庙中的一百余尊

菩萨并将其抬、抱于大街上游行。随队游行的有文艺、体育队伍，有舞狮、耍牌灯、踩高跷、八仙纸扎、锣鼓篷、故事台、旱船等等。街道上一时水泄不通，人声鼎沸，鼓角连天，十分壮观。

民间对歌

阳朔居有汉、壮、瑶、苗等 11 个民族，各民族除有自己的习俗、节日外，一个共同的特点便是擅长对山歌。不论婚丧嫁娶，还是逢年过节，每每摆起歌台，一比高低，直至通宵达旦仍不肯散去。这些山歌有谈情说爱的，有倾诉生离死别、崇尚忠孝的，也有谈古论今叙事的。唱者少则三五人，多则几十人，歌声或激越高昂、悠扬动听；或深沉委婉、如泣如诉；或轻吟浅唱、闲适洒脱……尤以壮乡高田的中秋节对歌、福利龙尾瑶民的"歌堂愿"会最富特色。

此外，桂剧、桂林弹词、桂林民歌、桂林渔鼓、桂林杂技、傩戏、彩调剧、广西大鼓、广西文场等都是桂林地方文化的特色。

（六）饮食文化

桂林地处岭南要冲，自古官宦商旅云集，饮食习惯南北交融，粤、川、湘、浙、赣、闽均有传承。近世纪以来，粤、川饮食影响大，同时融入地方习惯，又因旅游的发展，逐渐形成了有一定地方特色的风味小吃。

桂林米粉闻天下

桂林米粉以其独特的风味远近闻名。其做工考究，先将上好大米磨成浆，装袋滤干，揣成粉团煮熟后压制成圆根或片状即成。圆的称米粉，片状的称切粉，通称米粉，其特点是洁白、细嫩、软滑、爽口，吃法多样。最讲究卤水的制作，其工艺各家有异，大致以猪、牛骨、罗汉果和各式作料熬煮而成，香味浓郁。卤水的用料和做法不同，米粉的风味也不同。大致有生菜粉、牛腩粉、三鲜粉、原汤粉、卤菜粉、酸辣粉、马肉米粉等。

桂林米粉有许多种，最有名的是马肉米粉。它用特制的红烧马肉作配料，马肉鲜嫩味香，壮阳补肾。过去吃马肉米粉多用特制小碟来盛，米粉仅供一箸，上面有几片薄薄的马肉，再加以几粒油炸花生，拌以桂林辣酱，风味特佳。一人一口一碟，可吃二三十碟粉。现在已改用大碗，滋味不变。

尼姑素面

相传是桂林月牙山尼姑庵所创。天长日久，制作方法广为流传。桂林尼姑面的精华——汤，是用黄豆芽、新鲜草菇、香菇、冬笋等久熬而成。汤色金黄，味鲜而甜，清香四溢。面条用清水煮熟装碗，将汤放入，再加上桂林腐竹、黄花菜、素火腿、面筋等素菜和作料，鲜香爽口、色香味俱佳的尼姑面即可食用。

马蹄糕

马蹄糕主料为大米粉，把米粉装入状如马蹄的木模，用黄糖粉、马蹄粉或芝麻粉包心，猛火蒸熟，取出即可食用，其制作简便，吃来香甜扑鼻、松软可口。一般多为个体摊担现做现卖，散见于各处街头巷口。来往行人，即购即吃，甚为方便。

豆蓉糯米饭

将上好糯米蒸熟做成饭团，以甜豆蓉为主馅，再拌以炒香的芝麻，夹入些葱花、油，米饭柔韧，馅心鲜香，饶有风味。现又有以香肠、煮牛肉等做馅的咸糯米饭，亦别有风味。为桂林人早餐常见小吃。

桂林水糍粑

桂林水糍粑制作工艺精细，将上好糯米蒸熟后，用猛力杵打，直到糯米饭全融，宛若棉团状，方取其细细的糯浆做成圆团入笼蒸熟而成。水糍粑多放内馅，如豆蓉、莲蓉、芝麻桂花糖等，再加上糯质地细腻柔韧，洁白晶美，如趁出笼时热气腾腾，再裹上些许白糖或熟豆粉，更是色美味鲜，口感细滑沁甜。为桂林名小吃之一。

桂林松糕

桂林松糕用糯米掺粳米适量磨成粉，稍掺些黄糖水拌匀，再将半干半湿的米粉层层撒入蒸桶中蒸一至二小时熟透即成。其味松软爽口，香甜宜人，若再配以荔浦芋头丁，其味更佳。桂林习俗，松糕一般用于喜庆场合，如生日贺寿、得子、新屋上梁等，常赠以松糕，以示

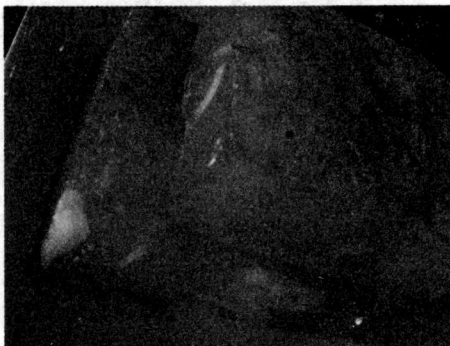

庆贺。为桂林的著名风味小吃，今市场上亦不时有售。

桂林三宝

"桂林三宝"即辣椒酱、豆腐乳、三花酒。其中三花酒"蜜香清雅，入口柔绵，落口爽洌，回味怡畅"，是中国米香型白酒的代表。桂林三花酒以其历史悠久，工艺独特、品质优良而备受中外游客的青睐。三花酒酒质清澄透明，酒味醇厚芳香，相传始于明朝，至于为何名为"三花"，众说不一。一种说法是：在摇动酒瓶时，只有桂林三花酒会在酒液面上泛起晶莹如珠的酒花。这种酒入坛堆花，入瓶要堆花，入杯也要堆花，故名"三花酒"。另一种说法是说桂林三花酒因为要经过三次蒸馏而成，故旧名"三蒸酒"、"三熬酒"。大约是文人墨客们觉得这名字太土气了，为了增点文化气，才叫成了"三花"。三花酒之所以优质，除了与采用清澈澄碧，无怪味杂质的漓江水、优质大米、精选的酒曲有关外，还因为桂林冬暖夏凉的岩洞所构成的特有的贮存条件，才使酒质愈加醇和芳香。

此外，荔浦芋头、板栗粽、恭城油茶、灵川狗肉等也都是桂林特产，现在"小小"的桂林西瓜霜也让人们对桂林开口难忘。

五、畅游桂林

（一）人文桂林

桂林是一个文化底蕴很深厚的城市，桂林的读书岩彰显了桂林人对读书人的敬重。在靖江王城城门上高高挂着"三元及第"、"榜眼及第"的匾额，桂剧《大儒还乡》里描写的陈宏谋，也是历史上有名的人物。

桂林出过很多有名的文人、词人；很多历史上著名的文人曾经住在桂林，抗战期间桂林更是当时全国文化活动的重镇，郭沫若、茅盾、夏衍、欧阳予倩等一大批文人都聚集在桂林，大力开展文化活动，演出剧目，建立出版社，发行报刊杂志。

桂林向来都是人文发达的地方，在广西的城市中桂林是文化最发达的地方。戏剧文化在广西首屈一指，桂林有桂剧、彩调、桂林渔鼓等多种形式的戏剧。在广西文艺最高奖"铜鼓奖"获奖剧目中，桂林获得的奖项历来名列前茅。

地灵人杰的桂林人文景观与自然景观相映成趣，给山水精致增加了厚重的色彩。

甑皮岩：迄今中国发现人骨数最多，保存最好的新石器时代人类洞穴遗址，甑皮岩人也是华夏始祖之一，为桂林古文化之灿烂瑰宝。

桂海碑林：荟萃由唐至清代珍贵石刻墨本 200 余件，为古代书法艺术之林。

古南门景区：建于唐代，门前有千年古榕。榕湖、杉湖似城中碧玉镶嵌两旁。

花桥：宋代建，设计优雅，造型精致，颇具古代建筑价值。

靖江王城、王陵群：明代靖江王府的城垣城高门深、气势森严，为故宫的缩影。靖江王共传了13代，有11代葬尧山，为中国最大的藩王群陵。在古王城内的靖江王府博物馆，内置"王族特权"、"王室生活"、"王府变迁"

展厅，为您展示了明代王府，清朝贡院，民国省衙，当今学宫的兴废沧桑。

七星岩雕刻：七星岩的明代雕刻"龟蛇合一"，为道教标记。

蒋翊武就义碑：1921年孙中山督师北伐在此立碑，追念其功。

八路军办事处：1938年设，周恩来曾三临桂林指导工作。

李宗仁陈列馆：有故居、官邸，为原国民党政府代总统李宗仁居住、政务之处。

熊本馆：在西山公园内，日本民居式建筑，体现熊本居民生活习俗和情趣，是中日两市人民友好合作的象征。

太平天国文物陈列馆：建于唐代的云峰寺，现陈列太平军围攻桂林的文物资料。

中国岩溶地质馆：位于七星路40号，是中国唯一的，也是世界最大、内容最丰富的岩溶地质科学博物馆。展品2 000余件，其中有大量稀世珍贵标本。

桂林博物馆：位于西山公园内，是一座以桂林历史文化为主要内容的博物馆。有"桂林历史文物陈列"、"广西少数民族风俗陈列"、"国际友人礼品陈列"等项内容，共藏文物21 500件。

桂林天然奇石馆：桂林天然奇石馆座落在桂林市七星公园，设有醉石亭及奇型、奇韵、奇采、奇珍四个展厅，展出各类奇石精品800余件。是桂林山水文化的一颗明珠。

（二）新桂林——从"三山两洞一条江"到"两江四湖"

传统的桂林山水经典是三山（独秀峰、伏波山、叠彩山）、两洞（芦笛岩、七星岩）、一条江（漓江），来桂林不可不看。新桂林的"两江四湖"就是在传统精华的基础上，"显山露水、连江结湖、开墙通景、增绿减尘"。这"两江四湖"连接漓江、桃花江，沟通榕湖、杉湖、桂湖、木龙湖构成环城水系，引水入湖，修建了十八座名桥，再现"千峰环野立，一水抱城流"的景观，水上市区游的梦想成为现实。桂林要向世界展现"城在景中，景在城中"的独特风貌。

两江四湖风景带有三个主题景区，即：以木龙古渡、古城墙为主景，宝积山、叠彩山等为背景，体现城市文化的木龙古水道景区；以山林自然野趣为特色的桂湖景区；以体现"城在景中，景在城中"山水城市空间特征为特色的榕、杉湖景区，通过重塑临水地段的自然景观和人文景观，再现山水城的水系风采。

两江四湖环城水系可以说是桂林城区的灵魂。绸缎似的江，翡翠般的湖，给中外游客的感受是，舟行碧波上，人在画中游。得天独厚、无可比拟的天然优势，使得两江四湖成为桂林城区的主打名片：中国人居环境范例奖、国家 4A 级景区、广西十佳景区……层层的光环，打造出桂林市民绝美的后花园。

榕、杉湖景区位于桂林城中央，是一个水体相连的连心湖。她以阳桥为界，东为杉湖，西名榕湖，因湖岸生长的榕树、杉树而得名。唐宋时期，为人工开掘的城南护城河，称为南阳江。元代称为鉴湖，明代城池扩建，成为内湖。

自清代始，富绅名士纷纷于湖岸边结庐而居，文人墨客于湖畔吟诗作赋，一时间成为桂林文化活动的中心。先后建有唐景崧的五美堂别墅、王鹏运的祖居西园，李宗仁官邸，白崇禧的桂庐，马君武的故居。如今大多故居已了无踪迹，仅余存李宗仁官邸和桂庐。北斗桥位于榕湖，东连湖心岛，西连古南门，桥形布局走向按北斗星分布，故名北斗桥。桥面栏杆全部用房山高级汉白玉打制，是广西目前最长的汉白玉桥。整座桥桥形美观，工艺精致，晶莹剔透。日月双塔坐落在杉湖中，日塔为铜塔，位于湖中心，高 41 米，共 9 层；月塔为琉璃塔，高 35 米，共 7 层，两塔之间以 18 米长的水下水族馆相连。铜塔所有构件如塔什、瓦面、翘角、门拱、雀替、门窗、柱梁、天面、地面等均由钢材铸锻而成，并以精美的铜壁画装饰，整座铜塔占了三项世界之最——世界上最高的铜塔，世界上最高的铜质建筑物，世界上最高的水中塔。日月双塔是桂林两江四湖夜景重要的景色之一。

桂湖景区有宋代城西护城河。南北长约 1 713 米，平均宽度 110 米，为历史上

桂林护城河的重要组成部分。"老人高风""桂岭晴岚"为传统名景，沿湖栽有大量名贵乔木花草，榕树园、银杏园、雪松园、水杉园、木兰园、棕榈园等园林景观与西清桥、宝贤桥、观漪桥、丽泽桥、迎宾桥等新景桥构成了一个集名树、名花、名草、名园、名桥于一体的博览园。澄碧的湖水，摇曳的枝头，奇特的山峰构成了今天之桂湖水城。走在湖边，荡漾湖中，棕榈欢歌、崖花水藻、丛发清绮，老人高风等景渐入眼帘，置身其中，倍感清新幽雅、舒适恬静，无处不体现"天人合一"的完美境界。

木龙湖景区突出了自然山水与历史文化相融合的特点，在木龙湖北侧依托宋代东镇门、宋城墙遗址等历史人文景观，修建了包括宋街、半边街、古宋城、木龙塔、木龙夜泊、浅桥鱼影、听荷轩等具有宋代建筑气息的古建筑群落的景点。木龙塔是以上海宋代的龙华塔为蓝本建造的，高 45 米。在木龙湖南侧与叠彩山之间建筑以观赏林地、草地、溪流、瀑布为主的生态景观带。在叠彩山与铁封山之间开有长约 1 100 米的"木龙湖"。

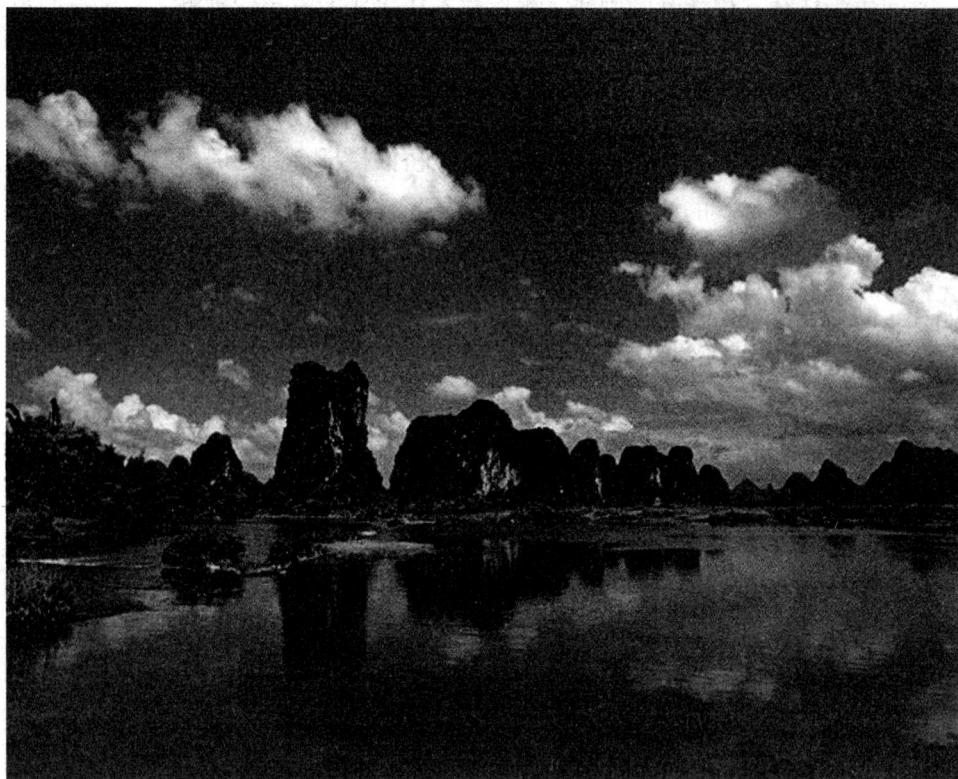

长江三峡

　　长江三峡由瞿塘峡、巫峡、西陵峡组成，全长 191 千米。长江三段峡谷中的大宁河、香溪、神农溪的神奇与古朴，使三峡景色更加迷人。三峡的山水也伴随着许多美丽动人的传说。书中还详细介绍了三峡沿途的风光与人文乡土气息，使得三峡不再是一个简单的自然美景，更是历代文人骚客咏怀、抒发情感之地，为三峡增添了一抹亮丽的光环。

一、长江三峡简介

　　滚滚长江，雄踞中国江河之首，满载着四季浪歌，永不停息地奔向东海，成为孕育中华民族古老文明的摇篮。它从"世界屋脊"青藏高原的沱沱河起步，纳百川千流，穿崇山峻岭，气势磅礴，奔腾澎湃，浩浩荡荡，自西向东，横贯中国腹地，全长 6 300 余千米。在流经四川盆地东缘的渝鄂交界处时，长江以穿山之力、破岭之功，夺路奔流，冲击着陡崖峭壁，石灰岩的"骨骼"被江流雕塑成峻嶒诡异、气象万千的杰作，从而形成了壮丽雄奇、举世无双的大峡谷——长江三峡，这是长江风光的精华，神州山水的瑰宝，是万里长江上一段最为奇秀壮观、最为摄人心魄的风景。长江，中华之魂魄；三峡，长江之精灵。大自然的鬼斧神工，数亿年的天地造化，成就了三峡独步天下的立体天然山水画廊。这里山势雄奇险峻，江流奔腾湍急，夹岸峰插云天，古往今来，闪烁着迷人的光彩，成为闻名遐迩的游览胜地。

　　长江三峡是瞿塘峡、巫峡和西陵峡三段峡谷的总称。它位于长江上游，西起重庆奉节县白帝城，东迄湖北省宜昌市南津关，自白帝城至大溪镇称瞿塘峡，巫山大宁河口至巴东官渡口称巫峡，秭归的香溪至南津关称西陵峡，临峡之间有大宁河宽谷和香溪宽谷相隔，全长约 192 千米。自古以来，瞿塘峡以"雄"名世，雄伟壮观；巫峡以"秀"见长，幽深秀丽；西陵峡以"险"著称，滩多险峻，而三段峡谷中大宁河、神农溪、香溪等支流，神奇而古朴，更为三峡增色不少。

　　作为集奇山秀水、古迹名胜、古今文化和民俗风情于一线的"黄金水道"，长江三峡首先展现出自然界鬼斧神工的魔力。这里的江水，白浪滔天，激流翻腾，惊涛拍岸，百折不回；这里的群峰，峭壁对峙，崔嵬摩天，层峦叠翠，烟笼雾锁；这里的丛林，漫山遍野，红绿相间，错落有致，富有生机；这里的奇

中国著名水文景观

石，嶙峋峥嵘，千姿百态，似人若物，神秘莫测；这里的溶洞，奇形怪状，飞泉吐珠，云雾缭绕，诡异深邃……大山大水大沟壑大峡谷，朝云暮雨烟雾渺渺，自然生态的所有美的形态和质感，都在三峡这里得到完美的呈现。大自然把所有雄奇的力量都纠合在这里，把所有瑰丽的色彩都附在这里，完成了一章最完美最奇异的诗篇。

长江三峡之美，最直观地表现在山水的起承转合之间，给人以荡气回肠之感。北魏郦道元在其地理学名著《水经注》中描述了三峡的秀丽："自三峡七百里中，两岸连山，略无阙处。重岩叠嶂，隐天蔽日，自非亭午夜分，不见曦月，至于夏水襄陵，沿溯阻绝。或王命急宣，有时朝发白帝，暮到江陵，其间千二百里，虽乘奔御风，不以疾也。春冬之时，则素湍绿潭，回清倒影。绝𪩘多生怪柏，悬泉瀑布，飞漱其间。清荣峻茂，良多趣味。每至晴初霜旦，林寒涧肃，常有高猿长啸，属引凄异，空谷传响，哀转久绝。故渔者歌曰：'巴东三峡巫峡长，猿鸣三声泪沾裳！'"

东晋袁山松在《宜都山川记》中也赞咏三峡的壮景："常闻峡中水疾，书记及口传悉以临惧相戒，曾无称有山水之美也。及余来践跻此境，既至欣然，始信耳闻之不如亲见矣。其叠崿秀峰，奇构异形，固难以辞叙。林木萧森，离离蔚蔚，乃在霞气之表。仰瞩俯映，弥习弥佳，流连信宿，不觉忘返。目所履历，未尝有也。既自欣得此奇观，山水有灵，亦当惊知己于千古矣。"

长江三峡的一山一水，一景一物，无不如诗如画，并与悠久的人文古迹完美地结合到一起。壮伟的长江哺育了三峡文化，使三峡成为中国古文化的发源地之一，考古发掘表明，长江三峡巫山地区文化积淀相当丰厚，有史可考的文化遗址遍布长江和大宁河两岸，多达170余处。峡江两岸的奇峰异石，记载着数十亿年来峡区的沧桑；沉睡在岩层中那斑驳陆离的生命遗骸，叙说着亿万年来生命演变的历史。

就考古所见，长江三峡地区不仅存在着丰富的巴蜀文化遗存，还蕴藏着具有独特风采的荆楚文化遗存。如果说长江是一条龙的话，那么上游的巴蜀文化、中游的

荆楚文化和下游的吴越文化就是长江的龙首、龙腹和龙尾上最美的鳞片，而这三种文化在三峡交融、繁衍、发展，博大与神秘结缘，辉煌与厚重联姻，在中华民族的文化史上放射出绚丽多彩的光芒。没有三峡，奇崛神秘的古蜀文明是封闭的。"噫吁，危乎高哉！蜀道之难难于上青天。蚕丛及鱼凫，开国何茫然。尔来四万八千岁，不与秦塞通人烟。"没有三峡，荆楚文明是孤独的，它泛滥的浪漫情绪无处宣泄，它奇异的巫鬼想象找不到知音。没有三峡，吴越文化是单调的，它没有了海纳百川的开放胸怀，也缺少了兼收并蓄的源流。长江三峡将几个封闭而孤立的文明连接起来，造就了整体的长江文明，它随长江的流水而绵延不绝，源远流长。

可以说，长江三峡集游览观光、科考怀古、艺术鉴赏、文化研究、民俗采风、建筑考察等于一体，著名的大溪文化遗址、魏家梁子遗址、万州老棺丘墓群和大宁河岸双堰塘遗址、商周遗址等，在历史的长河中闪耀着奇光异彩；青山碧水，曾留下李白、白居易、刘禹锡、范成大、欧阳修、苏轼、陆游等诗圣文豪的足迹，并留下了许多千古传诵的诗章；大峡深谷，曾是三国古战场，是无数英雄豪杰驰骋用武之地；白帝城、三游洞、黄陵庙、嫘祖庙、屈原祠、香溪昭君故里等及三峡以上约200千米的川江两岸的丰都鬼城、忠县石宝寨、云阳张飞庙等名胜古迹，更同这里的山水风光交相辉映，名扬四海。峡区数千年的文化和人类文化古迹令人憧憬，神秘的传说和历史故事令人心驰神往，从而吸引了古今中外无数的游人。此外，长江三峡风景区还拥有葛洲坝工程和世界上最大的水电站三峡工程，这两项新兴的人文景观和原有的自然景观相得益彰，构成了长江三峡蔚为壮美的新景观。

总之，长江三峡以其险峻的地形、秀丽的风光、磅礴的气势、宏伟的现代工程和众多的人文古迹等，交融了神奇的自然风光与悠久的历史文化，鸣奏了远古文明与当代文明的交响。1982年，长江三峡被列入第一批国家级风景名胜区名单；1991年，荣登中国旅游胜地四十佳之榜首；1995年，被评为中国十大风景名胜之一；2005年，被评为中国最美的十大峡谷之一。

二、长江三峡之瞿塘峡

（一）概况

瞿塘峡，又名夔峡，西起重庆奉节县的白帝城，东至巫山县的大溪镇，全长约 8 千米。在长江三峡中，瞿塘峡虽然最短，却最为雄伟险峻，以"雄"著称。杜甫在一首诗中写道："白帝高为三峡镇，瞿塘险过百牢关。"它"锁全川之水，扼巴蜀咽喉"，这一锁一扼，有"西控巴渝收万壑，东连荆楚压群山"的雄伟气势。江水至此，水急涛吼，蔚为大观——"瞿塘嘈嘈急如弦，洄流溯逆将复船"，"高江急峡雷霆斗，古木苍藤日月昏"。清代诗人何明礼有一首诗形容此峡之景至为传神和贴切："夔门通一线，怪石插流横。峰与天关接，舟从地窟行。"如今的瞿塘峡水位上升，在雄奇中添了几分秀气。

奔腾咆哮的长江，一进三峡便遇上气势赫赫的夔门。夔门形同门户，堪称天下雄关，素有"夔门天下雄"之称，杜甫有诗称之"众水会涪万，瞿塘争一门"，此句用一"争"字，刻画出夔门的赫赫水势。宋代词人苏东坡则这样描写道："舟行瞿塘口，两耳风鸣号。扁舟落中流，活如一叶飘。"长江辟此一门，浩荡东泻，两岸悬崖峭壁如同刀劈斧砍，山高峡窄，仰视碧空，云天一线，峡中水深流急，波涛汹涌，奔腾呼啸，一泻千里，势不可当，令人惊心动魄。这峡深水急的江流，绵延不断的山峦，构成了一幅极为壮丽的画卷。正如郭沫若《过瞿塘峡》一诗所云："若言风景异，三峡此为魁。"

夔门两岸的山峰，陡削如壁，拔地而起，峭壁千仞，把滔滔大江逼成一条细带，蜿蜒于深谷之中，真可谓"峡分山对立，江合水争流"。峡口两山相对，北边的名为赤甲山，相传古代巴国的赤甲将军曾在此屯营，尖尖的山嘴活像一个大蟠桃；南边的名为白盐山，不管天气如何，总是映出一层层或明或暗的银辉。

古人云："便将万管玲珑笔，难写瞿塘两岸山。"瞿塘峡的名胜古迹和文化遗存，多而集中，俨然一幅神奇的自然画卷和文化艺术走廊。峡口的上游有奉节古城、鱼复塔，还有刘备托孤的真正故址永安宫。峡内文物珍藏甚多的白帝城、惊险万状的古栈道、神秘莫测的风箱峡与错开峡、悬于半空之中的盔甲

洞等，无不令人神往。出瞿塘峡，峡口南岸的大溪文化遗址，集中体现了新石器时代的文明，遗迹斑斑。短短8千米的瞿塘峡，浓缩了人类文明发展史，当在这块神奇的土地上遨游时，令人感受到历史的震撼和自然的魅力。

（二）自然景观

1. 夔门

古有"峨嵋天下秀，青城天下幽，剑门天下险，夔门天下雄"之说，这四大旅游胜地被人们称之为"巴蜀四绝"。夔门又名瞿塘关，是长江从四川盆地进入三峡的西大门。三峡蓄水后，瞿塘关遗址大部分已被淹没，夔门江宽水阔，云雾缭绕，多了几分朦胧，添了几分秀丽。

夔门两侧的白盐山、赤甲山拔地而起，峰若刺天，高耸入云，巍峨峥嵘，形成"西控巴蜀收万壑"的气势。近江两岸则壁立如削，恰似天造地设的大门，真是"白盐赤甲天下雄，拔地突兀摩苍穹"，"两山夹抱如门阙，一穴大风从中出"。杜甫有诗咏白盐、赤甲两山："赤甲白盐俱刺天，闾阎缭绕接山巅。枫林桔树丹青见，复道重楼锦绣悬。"

白盐山因黏附在岩石上的水溶液富含钙质，色似白盐而得名，阳光映衬，"仿佛盐堆万仞岗"。赤甲山因含有氧化铁的水溶液黏附在风化的岩层表面而呈赭红色，如一巨人袒胸披甲屹立，故名赤甲山。赤甲山又像一只红艳艳的仙桃，则又称之为"桃子山"。当晴空日丽时，隔江相望，一个红装，一个素裹，分外妖娆，可谓奇景。两座山都是石灰岩，长期的风剥雨蚀，使两岸岩壁好似刀削斧砍一般，虽然寸草难生，但各现异彩，这些色调和晨曦、晚霞、明月交相辉映，形成了"赤甲晴晖""白盐曙色"和"夔门秋月"等胜景。

2. 风箱峡

在瞿塘峡北岸黄褐色的悬崖绝壁上的几条缝隙里面，岩缝高处，有块形状很像风箱的岩石，传说是当年鲁班存放的，人们称此段峡谷为风箱峡。当然，这不是鲁班留下的风箱，而是比鲁班还早的古代巴国人留下来的悬棺。悬棺是在悬崖上凿数孔钉以木桩，将棺木置其上；或将棺木一头置于崖穴中，另一头架于绝壁所钉木桩上，人在崖下可见棺木，故名。

"风箱"处悬崖高约数十米，一般人不易攀登，更不要说把"风箱"放上去。由于这"风箱"出奇得令人不可思议，它一直吸引着那些勇于探胜历险的人。据说清光绪末年就有人攀登成功，并取下一具岩藏物，此物"扣之中空，作木声"。当获得者拿到奉节出卖时，被县衙差役发现而受拘捕，并强令其再放还原处，以免亵渎神灵。1971年，有三位勇敢的采药人冒着生命危险，登上风箱峡的缝隙之中，取下所谓的"宝物"，采药人发现这原来是两千多年前古代巴人留下的岩葬，里面有巴人遗骨和陪葬的巴式剑、铜斧、汉初四铢半两钱等文物，目前这些文物存于白帝城博物馆。据考证，悬棺葬是一种古代地方性葬俗，在西汉至南北朝时巴蜀地区最为流行。巴人是战国到汉期间居住在今川东、鄂西一带的古老民族，把死者悬葬于岩穴，是他们的习俗。这一发现，为研究古代巴族文化乃至长江上游的古代文化提供了宝贵的实物。

3. 错开峡

在进入瞿塘峡不远处的长江南岸，有几座山岩对错着，高入云端，山的峰顶尖尖的，颜色黑沉沉的，名曰对错山，山下就是神话传说中的错开峡。

错开峡的传说在当地广为流传。相传古时有12条凶恶的蛟龙，在巫山上空张牙舞爪，追逐嬉戏，引起飓风，吹得天昏地暗，以致房屋倒塌，人畜死伤无数，百姓苦不堪言。这时仙宫西王母的小女儿瑶姬驾着彩云游经三峡，看到此情景，发怒地用手一指，一道闪光后一声巨雷，将12条孽龙劈死在峡中，不料龙尸化为顽石，堵住了长江的去路，使江水在四川盆地泛滥成灾，引起祸害。著名的治水英雄夏禹赶到，瑶姬便帮助夏禹开道疏水，开通风箱峡后，就来到这里，但匆忙中却开错了峡道，汹涌的江水不能排泻，反而越涨越高，迫不得已，另外开山劈岭寻道后，才大功告成，而开错的峡道就叫"错开峡"。这个美丽的传说反映了古代人民移山治水、征服自然的豪情壮志。

（三）人文古迹

1. 白帝城

白帝城位于瞿塘峡口的长江北岸，距奉节城东 8 千米，四面环水，孤山独峙，气象萧森，雄踞水陆要津，气势十分雄伟，是三峡旅游线上久负盛名的景点。随着三峡工程的修建，白帝城已四面环水，成为了一个小小的"白帝岛"，四周水域宽阔，烟波浩渺，十分壮观。

白帝城风景如画，景色迷人，古迹甚多。座座亭台楼阁，掩映在绿荫丛中，红墙碧瓦，翘角飞檐，点缀着一山翠色，堪称人间仙境。历代著名诗人如李白、杜甫、白居易、刘禹锡、苏轼、黄庭坚、范成大、陆游、薛涛、戴叔伦等都曾登白帝，游夔门，留下大量诗篇，李白"朝辞白帝彩云间，千里江陵一日还。两岸猿声啼不住，轻舟已过万重山"的诗句，更是脍炙人口，成为千古绝唱，故白帝城又有"诗城"之美誉。2006 年，白帝城作为明至清古建筑，被国务院批准列入第六批全国重点文物保护单位名单。

白帝城的名称，最早出现于西汉末年。据传西汉末年，王莽篡位时，其手下大将公孙述在瞿塘峡口扩修城垒，屯兵严防，割据四川。在天府之国里，他自称蜀王，势力渐渐膨胀后，野心勃勃，欲称帝自立。后来，公孙述听说紫阳城中一口井中常冒出一股白色的雾气，其形状宛如一条龙，直冲九霄。公孙述故弄玄虚，说这是"白龙出井"，是他日后必然登基成龙的征兆。于是，他在公元 25 年自称白帝，建都紫阳城，并改名为白帝城。后公孙述与刘秀争夺天下，为刘秀所灭，白帝城亦在战火中化为灰烬。在公孙述称帝期间，各地战乱频繁，而白帝城一带却比较安宁，当地老百姓为了纪念公孙述，特地在白帝城建白帝庙，塑像供祀。

白帝庙后来名声大噪，因它与三国英豪搭上了关系。据史载，三国蜀汉皇帝刘备的结拜兄弟关羽败走麦城，死于刀下后，刘备为他报仇，不听众臣劝阻，起兵讨伐东吴。途中另一个结拜兄弟、伐吴先锋张飞丧身叛将范疆、张达手中，刘备愤而不谋，催兵猛进。章武二年夏六月，被东吴大将陆逊用计火烧七百里军营，刘备因而兵退白帝城，忧伤成疾，临终前在白帝城永安宫向丞相诸葛亮托孤，然后便一命归西了。从此，白帝城就因这段脍炙人口的故事而更加闻名于世了。约在唐代以前，白帝庙处就增建了祭祀刘备的先主庙和祭祀诸葛亮的诸葛祠。至明朝，公孙述的塑像被毁弃，代之以刘备、关羽、张飞、诸葛亮的塑像，因而有明良殿、武侯祠、观星亭、凤凰碑等明清建筑。从此，"白帝城内无白帝，白帝庙祭刘先帝"，但"白帝庙"之名一直沿用至今。因此，现存白帝城乃明、清两代修复遗址。

在白帝庙正厅"托孤堂"中，可观赏到大型彩塑"白帝托孤"。这组彩塑有真人大小的三国历史人物 21 尊，重现了刘备托孤的历史故事。其中刘备卧于病榻，背对游人，似向壁悲泣，诸葛亮立于榻前，脸色凝重；两个小皇子跪在诸葛亮面前，其余文臣武将，也是一派肃穆之态。

观星亭共有 6 角 12 柱，翘角飞檐，气度不凡。当年刘备屯兵白帝城时，诸葛亮在此夜观星象，运筹兵略。亭上高挂一古钟，亭内石桌、石礅上刻有杜甫客居夔州时写的《秋兴八首》。

白帝庙内历代的诗文、碑刻甚多，陈列有瞿塘峡悬棺内的文物和隋唐以来73 块书画碑刻，以及历代文物 1 000 余件，古今名家书画 100 余幅。其中"竹叶字碑"诗画合一，石刻技艺精湛，风格独特奇妙，乍看上去，碑面上是三株修竹，竹叶疏朗。细细一看，原来那竹枝竹叶巧妙地组成了一首五言诗，达到字画相融、浑然一体的艺术境界，诗曰："不谢东篱意，丹青独自名。莫嫌孤叶淡，终日不凋零。"

凤凰碑高 175 厘米，宽 96 厘米，镂凤凰、牡丹、梧桐，精美华丽，堪称瑰宝，此碑又称"三王碑"，因为梧桐是树中之王，牡丹是花中之王，凤凰是鸟中之王。碑林中还有一块刻着清康熙帝御笔的石碑，为康熙赐给一位告老还乡的清官监察御史名为傅作楫的。诗文是："危石才通

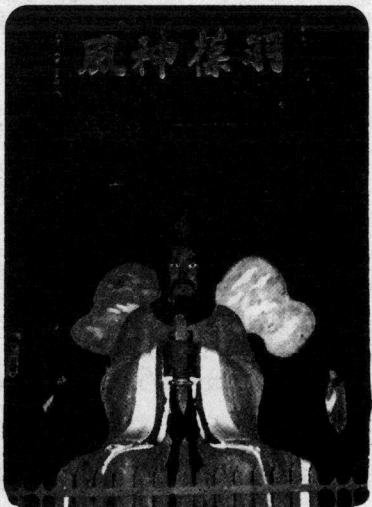

鸟道，青山更有人家。桃源意在何处，涧水浮来落花。"白帝庙内，著名的春秋战国之交的巴蜀铜剑，其形如柳叶，造型考究，工艺精湛。这些古建筑和文物珍品，给白帝城增色不少。

2. 大溪文化遗址

大溪文化遗址位于瞿塘峡东口，大宁河宽谷岸旁的重庆巫山县大溪镇，是中国长江流域古文明的发祥地之一。大溪文化是5000—6000年前的新石器时代母系社会的文明，因首先发现于大溪镇而得名。大溪遗址的分布面积约5万平方米，文化层厚2.5—3.6米，海拔高度为125—145米。大溪文化遗址的发现，揭示了长江中游的一种以红陶为主并含彩陶的地区性文化遗存。2001年，大溪遗址被评选为"20世纪中国100大考古发现"之一。

大溪文化遗址并不是仅在大溪镇独有，而是广泛分布于峡江地区和两湖平原，东起鄂中南，西至川东，南抵洞庭湖北岸，北达汉水中游。考古学家将这些具有相同特征显示出来的有别于其他文化特征的考古学文化，命名为大溪文化。

大溪文化遗址的陶器以红陶为主，普遍涂红色，有些因扣烧而外表为红色，器内为灰、黑，盛行圆形、长方形、新月形等戳印纹，一般成组印在圈足部位。有少量彩陶，多为红陶黑彩，常见的是横人字形纹、条带纹和漩涡纹。器形有豆、曲腹杯、碗、罐、盘、瓶、盆、钵等，其中筒形圆底瓶、豆盘、盘口罐和曲腹杯是大溪文化具有代表性的器物。大溪文化生产工具主要有石斧、石锛、石杵、石镰、纺轮、骨针、蚌镰、网坠等，装饰品有玉、石、骨、象牙、兽牙等几种，主要有耳饰、项饰和臂饰三类，还有空心石球、人面浮雕悬饰等艺术品。

在大溪文化遗址墓葬中，死者均埋在氏族公共墓地，头向一般为正南，早期以仰身直肢葬为主，同时也有俯身葬和侧身葬，而跪屈式、蹲屈式的仰身屈肢葬则反映了大溪文化的特殊葬俗，其中所蕴含的意义耐人寻味。绝大多数墓都有随葬品，女性墓一般较男性丰富，最多的有30余件，有的石镯、镶牙镯出土时还佩戴在死者臂骨上。在几座墓里，还发现整条鱼骨和龟甲，以鱼随葬的现象在中国新石器文化中尚属少见。这些珍贵的遗迹遗物为研究新石器时代长江中上游地带的社会、经济发展提供了极珍贵的史料。

三、长江三峡之巫峡

（一）概况

　　巫峡位于重庆巫山和湖北巴东两县境内，西起重庆巫山县城东大宁河口，东至湖北巴东县官渡口，全长约46千米，以幽深奇秀、深沉肃穆著称。"巴东三峡巫峡长"，因而巫峡有大峡之称。巫峡是三峡中最连贯、最整齐的峡谷，分为东西两段，西段由金盔银甲峡、箭穿峡组成，东段由铁棺峡、门扇峡组成。巫峡谷深峡长，日照时间短，峡中湿气蒸郁不散，容易成云致雾，细雨蒙蒙，因此，唐代诗人元稹留下"曾经沧海难为水，除却巫山不是云"的千古绝句，概括了巫峡中万古不衰的神韵和魅力。

　　巫峡境内青山连绵，奇峰突兀，山色如黛；怪石嶙峋，古树青藤，繁生于岩间；江河曲折，百转千回；飞瀑流泉，悬泻峭壁，宛如一条迂回的天然画廊，充满诗情画意。峡中九曲回肠，奇峰嵯峨竞秀，烟云氤氲缭绕，飞虹流彩，景色清幽至极。船行其间，时而大山当前，石塞疑无路；忽又峰回路转，云开别有天，颇有"曲水通幽"之感。

　　"万峰磅礴一江通，锁钥荆襄气势雄"真实写照了巫峡的景象。巫峡南北两岸山峰众多，尤以巫山十二峰最为壮观，古往今来，擅奇天下。"放舟下巫峡，心在十二峰"这句古诗道出人们对十二峰的倾慕之情。十二峰就像一串翠绿的宝石镶嵌在江畔，上冲云霄，群峰竞秀，气势峥嵘，云雾缭绕，姿态万千。江北由西向东依次为登龙、圣泉、朝云、神女、松峦、集仙六峰；江南为飞凤、翠屏、聚鹤、净坛、起云、上升六峰。但事实上，在江上只能看到九座山峰，南岸的净坛、起云、上升三峰要在长江支流青石溪上才能看到，因此陆游在《三峡歌》中说："十二巫山见九峰，船头彩翠满秋空。"古人有一首诗则较为详细地介绍了十二峰的方位和名称，诗云："登龙前去是圣泉，集仙松峦紧相伴。西则

望霞连朝云，隔岸再现翠屏山。聚鹤相对是飞凤，其余需进小溪看。净坛之前有起云，上升览罢无遗憾。"

除峰形秀丽多姿外，变幻莫测、来去无踪的巫山云雨也大大增添了十二峰的神秘色彩。巫峡中云雨之多，变化之频，云态之美，雨景之奇，令人叹为观止。峡区山高谷深、蒸郁不散的湿气，沿山坡冉冉上升，有时形成浮云细雨，有时化作滚滚乌云，有时变成茫茫白雾，峡中云雾轻盈舒卷，飘荡缭绕，变幻莫测，十二峰时隐时现，风姿绰约，疑似仙境。古文人多以十二峰名编缀成诗写其景象，如"曾步净坛访集仙，朝云深处起云连。上升峰顶望霞远，月照翠屏聚鹤还。才睹登龙腾汉宇，遥望飞凤弄晴川。两岸松峦不住啸，料是呼朋饮圣泉。"十二峰中又以神女峰最具魅力，人们把它看作巫山的象征，相传它是帮助大禹治水并为船工导航的仙女化身。巫峡"秀峰岂止十二座，更有零星百万峰"，十二峰之外，还有众多的险峰异壑，奇秀俊美，令人目不暇接。

巫峡名胜古迹众多，有陆游古洞、三台（楚怀王梦会巫山神女的楚阳台、瑶姬授书大禹的授书台、大禹斩孽龙的斩龙台）、神女庙遗址以及悬崖绝壁上的夔巫栈道等，无不充满诗情画意。此外，巫山八景久负盛名，依次为南陵山顶"南陵春晓"、杨柳坪"夕阳返照"、大宁河口"宁河晚渡"、清溪河上"清溪渔钓"、宁河渡口"澄潭秋月"、五凤山上"秀峰禅刹"、城西望夫"女观贞石"、高塘观"朝云暮雨"。这些景色滋润了历代迁客骚人的生花妙笔，古往今来的游人莫不被这里的迷人景色所陶醉，并留下了众多灿若繁星的诗篇。而巫峡许多流传至今的美丽的神话传说，更增添了奇异浪漫的诗情，如唐代诗人刘禹锡《杨枝词》："巫峡巫山杨柳多，朝云暮雨远相和。因想阳台无限事，为君回唱竹枝歌。"

（二）自然景观

1. 金盔银甲峡

金盔银甲峡是巫峡中的一段小峡，位于巫山下游 10 千米处横石溪附近。这里江边的陡崖绝壁，由层次很薄、褶皱剧烈的石灰岩组成。垂直的岩壁上的这种灰白色人字形的小弯曲岩层褶皱，是典型的水成岩经地壳运动挤压而成的一种岩石。其形状似鳞片，从外表看有些像古代武士披挂的银甲；在岩壁的上部，是浑圆状的石灰岩山头，其表面被含有氧化铁的地下水染成黄褐色，如同古代武士戴的金盔，这段峡谷因此称作"金盔银甲峡"。整个金盔银甲峡壁，就像一幅巨大的中国古代武将肖像的浮雕，鬼斧神工，颇耐玩味。

2. 神女峰

神女峰，又名望霞峰，位于巫山县城东约 15 千米处的大江北岸，海拔1 020 米，挺拔俊秀，峰顶直刺天穹。神女峰峰顶有一根石柱高约 10 米，突兀于青峰云霞之中，看上去宛若一个鬓发上插着金簪银花，身着优雅大方的古装的少女在那里望断长江，迎送舟帆，故名神女峰。对于此峰，古人有"峰峦上主云霄，山脚直插江中，议者谓泰、华、衡、庐皆无此奇"之说。游人泛舟神女的石榴裙下，仰头眺望，可欣赏到神女纤丽奇俏的绰约风姿。

神女峰闻名古今，源自于神女瑶姬下凡助禹治水的传说。唐广成《墉城集仙录》载，西王母幼女瑶姬携狂章、虞余诸神出游东海，过巫山，见洪水肆虐，于是"助禹斩石、疏波、决塞、导厄，以循其流"。水患既平，瑶姬为助民永祈丰年，为樵夫驱虎豹，为病人祛灾殃，为舟楫谋安全，立山头日久天长，便化为神女峰，永久地矗立在幽深的巫峡中。这一传说在《巫山县志》也有记载："赤帝女瑶姬，未行而卒，葬于巫山之阳为神女。"

神女峰耸立江边，云雨中的青峰绝壁，宛若一幅浓淡相宜的山水国画。峰顶云雾缭绕，那人形石柱，像披上薄纱似的，更显出妩媚动人。细雨蒙蒙中，船行其间，沾衣欲湿，拂而觉爽。天气晴朗之日，晨暮时分，彩云环绕，时聚时散，变幻出各种图景，美妙绝伦，故又称神女峰为"望霞峰"。若遇明月当空，松林静穆，归鸟倦睡，又有一番恬静的悠闲，如登仙界。

3. 神女溪

神女溪是青石镇与飞凤峰之间的一条小溪，发源于重庆巫山县的官渡

区，上游称官渡河，中游称紫阳河，下游称神女溪，在神女峰麓对面的青石镇汇入长江，全长31.9千米。因受险峻的地理环境制约，溪流深处人迹罕至，颇具原始味道。神女溪离神女峰最近，登过神女峰，转身即进神女溪。如今三峡蓄水，平湖回流，水位抬高，神女溪下游约9千米的景区，巧夺小三峡之奇秀，更增大三峡之雄险，水清石奇，植被良好，原始古朴，似奇境仙居，如梦如幻。

神女溪的山水景观风光绮丽，静谧宜人，令人称绝。翠屏、飞凤、起云、上升、净坛五峰，棋布溪水两岸。神女溪中游，内侧南岸是上升峰，西北是起云峰。溪岸壑谷曲折，峰峦叠翠，云遮雾绕，"江流曲似九回肠"，穿行其间，时而大山阻隔，时而峰回路转，多处"山重水复疑无路，柳暗花明又一村"，乃峡中之奇峡，景中之绝景。神女溪内有人影壁、嫦娥奔月、板壁岩、定海神针、八仙凳、仙掌峰、炮花塘、七女塘、帕链潭等景点。沿溪而进，雾气迷蒙，两岸植被郁郁葱葱，隐天藏日，峰回溪转，洞幽景佳，游览其间，恰似世外桃源，惬意舒心。

（三）人文古迹

1. 巫山三台

（1）楚阳台

楚阳台，即古阳台，在巫山城北约1千米的阳台山高邱山（一名高都山）上，台高一百丈，面对浩浩长江，是巫山八景之朝云暮雨所在地。据地理学著作《寰宇记》载："台高一百二十丈，南枕大江，每阴雨，云雾先起，即宋玉赋所谓楚王游于阳云之台也。"半山腰有高唐观，亦即宋玉《高唐赋》中"高唐之观"，但古庙已废，仅存玉皇阁和一些碑刻、对联，光绪年间的《巫山县志》说："古高唐观，殿宇苍凉，松桷七檐，绿竹苍松，四周环绕。"

站在楚阳台上观奇揽胜，万千景色尽收眼底，既可远眺蜿蜒的巫峡和起伏的群山，又可领略到重重迭迭变幻莫测的巫山烟云，壮丽景色动人心魄，正如隋朝诗人陆敬所赞："巫岫郁岧峣，高高入紫霄。白云抱危石，玄猿挂迥条。悬崖激巨浪，脆叶陨惊飙。别有阳台处，风雨共飘摇。"

历代描写楚阳台的文人很多，许多墨客骚人题写"阳台诗"，现摘录几首如下：齐虞羲《巫山高》云："云雨佳以丽，阳台重怨思。"齐王融《巫山高》云："想象巫山高，薄暮阳台曲"。梁费昶《巫山高》云："巫山光欲晓，阳台色依依"。唐沈佺期《巫山高》云："为问阳台客，应知入梦人"。唐李白《古风》云："我行巫山渚，寻古登阳台"。

（2）授书台

授书台位于巫山十二峰的飞凤山麓，与神女峰隔江相对，海拔约 200 米。传说古时候，瑶姬带领众姐妹腾云驾雾，遨游经过巫山，恰逢大禹帮助三峡黎民百姓治水正遇到困难。瑶姬敬佩大禹三过家门而不入的治水精神，就向大禹授《上清定经》的治水天书于此平台，后来，人们就把这个平台叫作授书台。授书台之景，恰如唐代诗人郑世翼所描写："巫山凌太清，岩岧类削成。霏霏暮雨合，霭霭朝云生。危峰入鸟道，深谷写猿声。别有幽栖客，淹留攀桂情。"

（3）斩龙台

斩龙台位于巫山县西部长江南岸的错开峡。大溪东面的岩戬上，立着一根顶细底粗、高约 60 多米的圆形石柱，叫锁龙柱。隔峡相对的西面，一台状如巨鼓，传说这是禹在疏浚三峡时锁龙斩蛟的地方，因此得名斩龙台。

2. 巫山八景

巫山八景为宁河晚渡、青溪渔钓、阳台暮雨、南陵春晓、夕霞晚照、澄潭秋月、秀峰禅刹、女观贞石，凝气象万千之自然造化，聚心旌神摇之人文景观。古人有诗云："宁河青溪水静流，阳台春晓荡清幽。夕霞秋月横翠黛，秀峰贞石万古忧。"清澈之泉水，幽静之桃源，远古之遗迹，皎洁之月光，点缀于神奇美妙之巫山，凝聚为美丽怡人之八景，惜目前可观者仅有宁河晚渡、南陵春晓、夕霞晚照、澄潭秋月、女观贞石 5 处。

3. 秋风亭

秋风亭，又名寇公亭，原亭建在长江北岸，今在巴东县新县城东南。北宋寇准任巴东县令时所建（公元 978 年），距今已有千余年历史，至南宋乾道五年（公元 1169 年）尚且完好，后渐趋毁坏。明正德年间，盛杲任巴东县令，为纪念寇准，在今城西南高岗上仿建秋风亭，后几经兴废，到清康熙初年、嘉庆二十一年、同治五年三次修葺而保存至今。

寇准原籍山西，北宋太平兴国五年（公元 980 年），19 岁的寇准殿试高中探花郎，被派往巴东做县令。他上任后，立志改造这个地处偏远、穷山恶水的峡江小县，为乡民造福。他一面上书朝廷，请求减免赋税徭役；一面深入村寨，"劝民稼穑"，鼓励乡民修道治水，植柏栽桑，发展农业生产，并亲自传授中原地区农耕技术，终于使乡民们过上了稳定的农耕生活。短短三年时间，寇准就使巴东成为"无旷土、无游民"之地，乡民敬佩他、感谢他，称他为"寇巴东""寇青天"。

寇准闲暇时喜欢吟诗作赋，乡民们便自发地在县城风景极佳的高岗上建造一座精巧的小亭，以便这位百姓爱戴的"父母官"能挥洒诗兴。寇准难却父老乡亲的一片真情，但坚持由自己个人承担全部费用，并欣然题名"秋风亭"，借以警示勉励自己，为官要像无情的秋风：明察秋毫，清正廉明。在巴东任期三年内，寇准写下了上百首诗文，并编成《巴东集》。由于政绩卓著，他受命进京为官，因为人刚直，多次直谏，渐受重用，先后在工部、刑部、兵部任职，景德元年（公元 1004 年）出任宰相。天禧元年（公元 1017 年）被封为莱国公。因寇准之名，秋风亭也名声大振。此后历任的巴东县令，也就认为秋风亭是个有助官运的吉祥之地，走马上任之前，必先至秋风亭饮酒赋诗，并留宿一夜，以求日后仕途通达。来巴东游历的文人墨客们也极看重秋风亭，常常在此吟诗弈棋作画。至于巴东的百姓，因缅怀寇公政绩，更是把秋风亭视为珍迹，久而久之，秋风亭便成了乡民思念寇公之所，所以秋风亭又俗称"寇公亭"。

秋风亭为木石穿架结构，分上下两层，赤柱彩瓦，雕栏画栋，调檐座脊，四角攒尖顶，檐下各镶有木雕龙头，睁目含珠，须角欲动，栩栩如生，内外各由四根朱漆木柱支撑，画梁飞檐，雕刻细腻，别具匠心。秋风亭高三丈余，登亭远眺，观四面风景，只见山峦迭翠，景色极为壮观，似可领略到寇准这位贤臣良相忧乐天下、济世济民的情怀。秋风亭后建有莱公祠，供人凭吊，有诗碑置于墙侧。

自建成以来，秋风亭游人络绎不绝，缅怀寇准的诗句也颇多，宋仁宗嘉祐四年（公元 1059 年），苏辙与其父苏洵、兄弟苏轼由嘉州乘船东下途经巴东，谒莱公祠、吊寇莱公，借景抒怀，吟《秋风亭》。苏辙诗云："人知惠公在巴东，不知三朝社稷功。平日孤舟已何处，江亭依旧傍东风。"南宋诗人陆游也对秋风亭情有独钟，两次登亭赋诗，留下《秋风亭》诗两首。其一："江水秋风宋玉悲，长官手自葺茅茨。人生穷达谁能料，蜡泪成堆又一时。"其二："寇公壮岁落巴蛮，得意孤亭缥缈间。常倚曲栏贪看水，不安四壁怕遮山。遗民虽尽犹能说，老令初来亦爱闲。正使官清贫至骨，未防留客听潺潺。"如今，秋风亭四周松柏青翠，环境幽雅，慕名而来的游人在秋风亭前流连忘返，争相传颂着寇准在巴东体察民情、简政轻徭、清正廉明的故事。

四、长江三峡之西陵峡

（一）概况

　　西陵峡西起秭归县香溪口，东至宜昌市南津关，全长约 76 千米，是三峡中最长的一个峡，以险峻闻名于世。西陵峡得名于宜昌市南津关口的西陵山，即因位于楚之西塞和夷陵（宜昌古称）的西边，故名。不过，巫峡与西陵峡并不相接，在它们之间，有一段长约 47 千米的香溪宽谷，宽谷内冈峦起伏，远隐近现，江宽水阔，水平如镜，这里是三峡地段的主要农耕地带。西陵峡中险峰高耸，夹江壁立，峻岭悬崖横空，奇石嶙峋，环云蔼翠；浪涛汹涌，飞泉垂练，银瀑飞泻；古木森然，翳天蔽日，景象万千，醉人心扉，身临其境，可以赏花草，游峡谷，识鸟音，掬清泉，亲溪水，观巴风，听楚韵，览大坝，正契合了北宋文学家欧阳修"此地江山连蜀楚，天钟神秀在西陵"的赞誉。

　　西陵峡峡中有峡，大峡套小峡，峡峡相连，它又分东西两段，中间为长约31 千米的庙南宽谷所分割，西段包括兵书宝剑峡、牛肝马肺峡和崆岭峡；东段包括灯影峡和黄猫峡。然而，兵书宝剑峡和牛肝马肺峡已经名不副实，"兵书""牛肝""马肺"都被移走，"宝剑"已淹没江底。

　　西陵峡历史上以峡长山奇、滩险流急、航道曲折、行舟惊险而著称，昔日峡中礁石林立，水流如沸，泡漩翻滚，汹涌激荡，惊险万状，有著名的泄滩、青滩、崆岭滩三大险滩，正如白居易所形容："白狗次黄牛，滩如竹节稠。"不过，现在险滩均已沉于江底，惊险万状的"崆岭滩""鬼见愁""鬼门关"已成为历史陈迹。如今的西陵峡是壮丽的景色依旧，但汹涌的恶浪不再有。江面风平浪稳，水流平缓，船只畅行无阻，如履平川，但荡气回肠的气势和绮丽的景观仍然让人屏息仰止。两岸橘林遍坡，黄绿相映，硕果累累，峡风阵阵，醉人心扉，美妙的景观与悠久的人文历史令海内外游客流连忘返。

西陵峡无峰不雄，无溪不美，无洞不奇，无壑不幽，无瀑不秀，无一处不可以成诗，无一处不可以入画，遍布着许多令人神往的游览胜地。最著名的是神奇莫测的石灰岩溶洞，仅从南沱到南津关间，就有大小溶洞 174 个，它们镶珠嵌玉般点缀在两岸幽深险峻的峭壁上，怪石突兀，姿态万千，足以让游人观赏不尽。其中较大而又著名的有石龙洞、白马洞、三游洞等。此外，西陵峡还有黄陵庙、陆游泉等古迹，峡北的秭归则为屈原的故乡，更有举世闻名的宏伟工程葛洲坝和雄踞世界水利史之冠的三峡大坝修建于此。

西陵峡风光精彩无限，古往今来，无数文人墨客在这里吟诗作赋，挥毫泼墨。屈原、昭君、陆羽、白居易、元稹、欧阳修、苏洵、苏轼、苏辙、寇准、陆游、冯玉祥等众多的历史名人都曾留下了千古传诵的名篇诗赋。其中，郭沫若《过西陵峡》一诗描绘了西陵峡壮美的风光，囊括了峡中的著名景观："秭归胜迹溯源长，峡到西陵气混茫。屈子衣冠犹有冢，明妃脂粉尚流香。兵书宝剑存形似，马肺牛肝说寇狂。三斗坪前今日过，他年水坝起高墙。唐僧师弟立山头，灯影联翩猪与猴。峡进天开朝日出，山平水阔大城浮。已归东土清凉界，应惩西天火焰游。五十年来天地改，浑如一梦下荆州。"

（二）自然景观

1. 灯影峡

灯影峡，又名明月峡，位于莲陀镇至南津关之间，上起南沱，下至石牌，长 8 千米，峡谷呈南北向弯月形，峡内陡崖峭壁为石灰岩结构，奇峰异石遍布林立。三峡大坝建成后，许多雄奇秀美的三峡景色大为改观，唯有灯影峡融汇三峡之雄伟、奇幻、险峭、秀

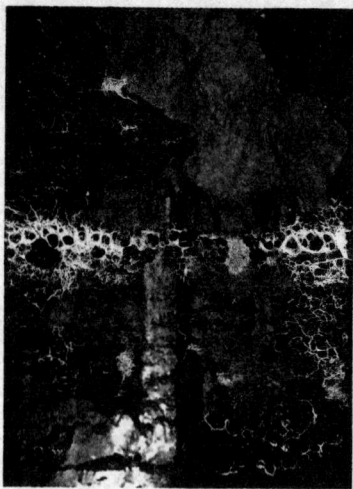

逸，保持了真正原汁原味的峡谷风光。灯影峡风情如画，传统的吊脚楼点缀在山水间，久违的古帆船、乌篷船静泊门前，溪边少女挥槌洗衣，江上渔夫悠然撒网，形成了天柱峰、明月湾、蛤蟆泉、仙人桥、雪溪洞、灯影洞等众多峡江风情浓郁的景观。

灯影峡峡壁明净可人，纯无杂色，如天工细心打磨而成。两岸云鬟凝翠，飞泉漱玉，峡壁和青峰、江水相辉映，酷似一幅水墨国画，静影澄碧，江水瑟瑟，更添明丽之趣。若夜晚过峡，月悬西山，月光之下的山光水色形成的那种"净界"，难以言喻，"明月峡"由此而得名。灯影峡南岸的马牙山崖顶上有四块兀立的象形石，颇似《西游记》中唐僧、孙悟空、猪八戒、沙和尚师徒四人去西天取经，悟空开路，八戒牵马，唐僧合什，沙僧挑经，形象逼真，妙不可言。每当黄昏时分，落霞晚照，四石极似灯影戏（当地人叫"灯影子戏"）中的人物形象，惟妙惟肖，这就是"灯影峡"的由来。

峡中灯影洞素有"西陵峡畔第一洞"之称，幽深狭长，深约1500米，洞内岩溶地貌景观奇特，钟乳石、石笋、石幔错落有致，令人目不暇接，美不胜收。其中的"五色奇音石"色彩丰富，呈黑、白、黄、灰、绿五色交织，色界明晰，用手敲击，可闻鸣锣击鼓之声，令人叹为天音。洞内还有一条落差达30米的地下河，水流或状如洪钟，或潺潺悦耳，或悠如琴鸣，或缓缓无声，行走在这梦幻般的地下世界，令人心醉神迷。灯影峡上端北岸有天柱峰，直峰如柱，拔地参天，明代诗人薛东曾写诗描绘天柱山峰："根在乾坤未判前，不施斧凿自天然。冬雪凝寒排玉笋，晚霞飞彩簇金莲。可怜台榭常兴废，惟有兹山不纪年。"

灯影峡南岸扇子山下，原有一巨石豁然挺立，形如蛤蟆，其头、眼、鼻、嘴活灵活现，背上斑疱尤为逼真，故名叫蛤蟆石。其背后一股清泉喷珠溅玉，常年不断，状如水帘，声如琴琮，水清味甘，沁人肺腑，是烹茶、酿酒的上好水源，这就是著名的蛤蟆泉。唐代，"茶圣"陆羽品尽天下名泉后，誉之为"天下第四"，陆游亦有诗赞其为"天下泉中第四泉"。除二陆之外，苏辙、黄庭坚、王士祯、张之洞等历代文人墨客都曾在此或吟诗写文，或引吭高歌，留下许多风流佳话。如今，坐在泉边古色古香的茶楼中，感江风习习，听泉水叮咚，啜一口香茗，真有陶然似醉、恍然若仙的感觉。

2. 九畹溪

九畹溪位于西陵峡南岸、秭归新县城（茅坪）西部，距三峡大坝 20 千米，发源于云台荒南麓，杨林桥镇朱溪荒西北，入江口古名为巨鱼坊，依河段为三渡河、林家河、老林河、九畹溪河，统称九畹溪，全长 46 千米，是长江三峡支流中为数不多的大峡谷之一。九畹溪景区集探险、休闲、观光为一体，是"观三峡大坝，览平湖风光"的重要组成部分，景区以奇山、秀水、绝壁、怪石、名花、异草闻名于世，自然风光原始独特，巴楚文化底蕴深厚。伟大的爱国主义诗人屈原早年在此开坛讲学，植兰修性，《离骚》中"余既滋兰之九畹兮，又树惠之百亩"即指此地。在欣赏自然风光的同时，划龙舟，观歌舞，祭拜屈原，峡江文化和屈原精神融合在自然的山水之中，自然景观与人文精神没有了界限。

九畹溪风景区分为水路和陆路两段旅游区，陆路起自九畹溪大桥，终至九畹溪漂流起点，沿途有问天简、神鬼石、巨鱼坊、求字碑、灵芝岩、古岩棺群、圣天观等近二十处人文景观与仙女山、界亚、情侣峰、神牛泉、将军岩、美女晒羞、干溪沟、问天地缝等十余处自然景观，景点密集丰富，巴楚文化色彩浓郁，令人神思飞跃，目不暇接。

水路的漂流亦是极具魅力，全长 13.2 千米的漂流河道分上下两段，上段为惊险刺激漂流，急滩上飞舟，激情四射，碧水迂回，两岸绝壁林立，沿途 48 座山峰姿态各异，可观赏笔峰石、望夫石、猴王寨、百宵图、仙女沐浴等美景；可领略原始森林古树、香草、长藤、奇兽的神韵；可探索 800 米青钟地缝的幽静惊险。下段为休闲观光漂流，高峡平湖相间，奇峰秀水争艳，两岸绿树葱茏，水面波光潋滟，青山绿水，相映生辉，畅游其间，沐

浴着清新自然的山风，惬意无限，不仅能观赏情侣峰、天生桥、巨鱼坊等景观，还能领略到三峡大坝宏伟雄姿。

3. 南津关

南津关位于西陵峡东口，离宜昌市中心城区 10 千米，距三峡大坝 12 千米，"水至此而夷，山至此而陵"，"三峡至此穷"，锡箔般的江水从天际激湍而来，在此逶迤而去，和瞿塘峡的入口夔门一样，南津关是三峡尾端的天然门户。南津关两岸绝壁耸天，陡壁直立，峰奇谷异，江面狭窄，成为长江上、中游的分界线。南津关地势险要，犹如细颈瓶口，锁住滔滔大江，"雄关蜀道，巍巍荆门"，史称"上收蜀道三千之雄，下锁荆襄一方之局"，历来为兵家必争之地。

长江一出南津关，便摆脱了高峡深谷的束缚，急剧南折，两岸山势坦荡，江面骤然变宽，江流由飞旋汹涌而渐趋平缓，水天一线，苍茫辽远，给人以"极目楚天舒"之感。关口内外，景色迥异，真是"送尽奇峰双眼豁，江天空阔而夷陵"，使人生"入峡喜崝岩，出峡爱平旷"之感。白居易《初入峡有感》一诗对此景描绘得十分生动形象："上有万仞山，下有千丈水，苍苍两岸间。阔狭容一苇。"南津关内飞瀑成群，古树密布，风情万种，有古驿道、古栈道、古演兵校场、二跌水瀑布、红岩落泪瀑布、宝莲飞天瀑布、蟾潭瀑布、三道关、野三峡等景观。

（三）人文古迹

1. 屈原祠

屈原祠为纪念屈原而修建，位于秭归凤凰山，与三峡大坝遥相呼应，占地面积近 2 万平方米，总建筑面积 5 806 平方米。屈原，名平，公元前 340 年诞生于秭归县乐平里，伟大的爱国诗人。他曾在古代楚国做过左徒和三闾大夫，后因奸臣排挤而被放逐江南，当楚国被秦兵攻破时，他愤而以身殉国，投汨罗江自沉。其《离骚》《九章》《九歌》等诗篇，声贯古今，名扬中外。1953 年，联合国教科文组织将屈原列为世界文化名人。屈原祠依山面江，景色秀美，成为三峡库区一道亮丽的风景。每逢端午佳节，这里都举办龙舟竞渡，江上彩舟如梭，岸上游人如织，热闹非常。2006年5月，屈原祠被国务院列为第六批全国重点文物保护单位。

屈原祠原址在秭归归州城东五里的"屈原沱"处，始建于唐元和十五年（公元820年），北宋神宗赵顼诏封屈原为"清烈公"，其祠改名为清烈公祠，此后几百年内经历了多次重修，更名为"屈原祠"。因三峡大坝蓄水，将它迁至今址，且按原貌重建，2010年6月建成开放。屈原祠历经千年有余，饱经岁月风霜，几次迁徙，数次修缮重建，充分显示了屈原爱国爱民精神流芳百世，千古不朽。

新屈原祠由山门、两厢配房、碑廊、前殿、正殿、享堂、屈原墓组成，建筑群落规模宏大，古朴清幽，壮观肃穆，是屈原沱清烈公祠的15倍。新屈原祠最前面的牌楼及两侧配房的风火山墙，形成一个巨大的"山"字，构成高大雄伟的山门。牌楼为三层两重檐歇山屋顶，正立面贴六柱牌楼门式，两侧辅以圆形的风火山墙，以红柱白墙灰顶为主颜色。屈原祠正中为天明堂，中嵌郭沫若题"屈原祠"三字，襄阳王树人所书"孤忠""流芳"分嵌左右额枋。大门入口门楣的匾额上，"光争日月"四个红底黄字分外夺目。大门的雕花石质门框、门坎以及大门两侧直径1米的菊花纹圆形石鼓，原是从屈原沱清烈公祠拆迁安装到归州屈原祠，后又搬迁至此，是具有数百年历史的文物。祠内塑有屈原铜像，通高6.42米，像高3.92米，头微低，眉宇紧锁，体稍前倾，迈动右脚，提起左脚，两袖生风，仰观缅怀，令人感到一种来自圣哲灵感美的心灵震撼，远古的风，轻轻地掀动着青铜屈原的衣角，天空悠远的白云，努力拭去屈原岁月的苍凉，却抹不去屈原满目的惆怅。铜像两侧，建有东西碑廊，镌刻着屈原《离骚》等许多著名诗集和一些历代诗人墨客赞誉屈原的诗句，游人徜徉于此，顿生万千情愫。

黄陵庙坐落在西陵峡中段长江南岸黄牛岩下宜昌市夷陵区三斗坪镇，矗立于波澜壮阔的长江江边，是长江三峡中保存较好的唯一一座以纪念大禹开江治水的禹王殿为主体建筑的古代建筑群。黄陵庙古称黄牛庙、黄牛祠，又称黄牛灵应庙，其年代久远，始建于战国时期，意在纪念黄牛助禹王开峡之功绩。三国时，诸葛亮率师入蜀，路经此地，因感禹王治水的功绩而重修黄牛祠，并立碑题刻《黄牛庙记》。

宋代文学家欧阳修任夷陵县令时，认为神牛开峡之事纯属无稽之说，只信禹王开山之功，故更名为黄陵庙，沿用至今。为此，他还特地写了《黄牛峡祠》："江水东流不暂停，黄牛千古长如故"，"黄牛不下江头饮，行人唯向江中望。"现存的建筑，是明万历四十六年（公元1618年）仿宋式建筑重修的。近年来，已几经修缮并续建若干辅助设施。黄陵庙前临汹涌大江，后倚高岩如屏，四周橘林掩映，气势宏伟，风光绮丽。2006年，黄陵庙作为明代古建筑，被国务院批准列为第六批全国重点文物保护单位。

黄陵庙院外，山景优美，橘林环绕，群峰苍翠；院内，红墙黄瓦，金碧辉煌，山门、戏楼、禹王殿、武侯祠等依次建造在逐级升高的台地之上。黄陵庙现存山门为清光绪十二年（公元1886年）冬季重新修建的，为穿架式砖木结构建筑，山门外尚有石阶三十三步又十八级，寓意三十三重天和十八层地狱。禹王殿殿前石碑上刻有诸葛亮《黄牛庙记》，西侧3米多高的石碑上有乾隆三十八年（公元1773年）刻的《凿石平江记》，记录了当时治江工程的情况。

禹王殿为重檐歇山顶，穿斗式木结构建筑，八架椽屋。面阔进深均为五开间，面阔18.44米，进深16.02米，通高17.74米，重檐九脊，青瓦丹墙，色调和谐，古朴庄重。殿额上悬有两块木匾，其中的棕底绿色匾上的"砥定江澜"，一说是慈禧太后所题，一说为爱新觉罗·齐格所题；下面题为"玄功万古"的盘龙金底黑字匾，是署名"惠王"的题书，字体刚劲浑厚，巨匾边框浮雕游龙，飞金走彩，颇为富丽。殿内立有36根两人合抱的巨柱，蔚为壮观，柱上浮雕九条蟠龙，形态各异，栩栩如生。殿的左侧立有"水文柱"，柱上挂一木牌，上书"庚午年（公元 1870 年）洪水至此"，这是极为珍贵的水文原始资料，记录了三峡有史以来最高的一次水位。庙内还存有许多记载洪水水位的碑刻，具有很高的水文资料价值。

3. 三游洞

三游洞位于宜昌市区西北 10 千米西陵山北峰的峭壁间，背靠西陵峡峡口，面临下牢溪高岚森谷，三面环水，一面连山，洞景奇绝，山水秀丽，山水洞泉浑然一体，亭台楼阁交相辉映。三游洞因景色绮丽，曾被古人喻为"仙境""幻境""桃源洞"，宋代欧阳修被三游洞的奇妙意境所陶醉，赞誉"仙境难寻复易迷，山回路转几人知？唯应洞口春花落，流出崖前百丈溪"。历代途经夷陵的人，大都到此一游，并以楷、隶、行、草各种字体和诗歌、散文、壁画、题记等形式写景抒怀，镌刻于石壁之上，至今洞内外尚存各种壁刻和碑文四十余件。风景区内主要有张飞擂鼓台、至喜亭、楚塞楼、世界华人印章石园、抗战纪念遗址、刘封城遗址、津亭、山谷亭、长廊、观峡洞、栈道等遗址和景点，或依山而建，或临江而筑，高低错落，妙趣横生。

三游洞是古代地下水沿石层面不断溶蚀，并经过塌陷形成的石灰岩溶洞，地质年代为寒武纪，距今约五六亿年，苏轼认为它"洪荒无传记，想象在义娲"，但其成为著名古迹和游览胜地始于唐宋时期。清代龚绍仁诗云："夷陵有夷山，夷山多名洞。三游最著名，喧传自唐宋。"据史料记载，唐元和十四年（公元 819 年），诗人白居易由江州（今江西九江）司马升任忠州（今四川忠县）刺史，与其弟白行简途经夷陵，在此巧遇莫逆之交元稹。诗人元稹由通州（今四川达县）司马调迁虢州（今河南灵宝）长史，客居夷陵。白居易《夷陵赠别元微之》写道："夷陵峡口明月夜，此处逢君是偶然。坐从日暮唯长叹，语到天明竟未眠。"元白三人结伴泛舟下牢溪，发现古洞，"初见石如叠、如削，其怪者如引臂、如垂幢，次见泉如泻、

如洒，其奇者如悬练、如不绝线"，三人进入洞中，但见"水石相薄，磷磷凿凿；跳珠溅玉，惊动耳目"，"俄而峡山昏黑，云破月出，光气含吐，互相明灭，晶莹玲珑，象在其中，虽有敏口，不能名状"。于是元、白三人恋恋不舍，置酒畅谈，彻夜不寐，借景生情，各赋古调诗二十韵一首，并由白居易"序而记之"。现洞中尚存明代重刻的白居易《三游洞序》碑石，诗已失传。三游洞即由此得名。

到了宋代，三游洞已成为南方游览胜地。著名文学家苏洵、苏轼、苏辙父子三人于宋仁宗嘉祐四年（公元1059年）冬，从故乡眉州（今四川眉山）一同赴汴京（今河南开封）受任，途经夷陵，寻胜游洞，赋诗唱和。苏洵诗云："洞中苍石流成乳，山下寒溪冷欲冰。天寒天子苦求去，我欲居之亦不能。"苏轼诗云："冻雨霏霏半成雪，游人屦冷苍苔滑。不辞携被岩底眠，洞口云深夜无月。"苏辙诗云："昔年有迁客，携手过嵌岩。去我岁已百，游人忽夏三。"人们称白居易三人之游为"前三游"，而称苏轼父子三人之游为"后三游"。从此，三游洞名传天下，游历者络绎不绝。

4. 嫘祖庙

嫘祖庙又名西陵山庙，耸立于西陵山巅，海拔108米，始建于晋朝，为纪念黄帝正妃嫘祖而建。宋朝时期，列为"峡州八景"之一。嫘祖又名雷祖、累祖，民间蚕农称之"蚕母娘娘"，为中国最早的第一夫人，是"中华民族之母"。据说"嫘"是一个象形字，为后人所造，左边的"女"字旁表示女性，右上的"田"表示的是黄帝，"丝"表示的是嫘祖娘娘，因古代男尊女卑，故"田"在上，"丝"在下。1940年，该庙毁于日军侵华战火。为弘扬中华传统文化，1993年重建于西陵山。每年农历三月十五日是嫘祖生辰，嫘祖庙举行先蚕节，盛况空前。

相传，黄帝与蚩尤争斗之时，在南下西陵后与当地的村女嫘祖结为伉俪。司马迁《史记·五帝本纪》记载："黄帝居轩辕之丘，而娶于西陵之女，是为嫘

中国著名水文景观

190

祖。嫘祖为黄帝正妃，生二子，其后皆有天下：其一曰玄嚣，是为青阳，青阳降居江水；其二曰昌意，降居若水。昌意娶蜀山氏女，曰昌濮，生高阳，高阳有圣惠焉。"嫘祖美丽聪慧，发明了养蚕、缫丝和纺织，并教之于民，她辅佐黄帝，协和百族，统一中原，首倡婚嫁，母仪天下，福祉万民，建立了光照千秋的功业。唐代著名韬略家赵蕤所题唐《嫘祖圣地》碑文称："嫘祖首创种桑养蚕之法，抽丝编绢之术，谏诤黄帝，旨定农桑，法制衣裳，兴嫁娶，尚礼仪，架宫室，奠国基，统一中原，弼政之功，殁世不忘。是以尊为先蚕。"

嫘祖庙的主体建筑嫘祖殿占地 925 平方米，建筑面积为 1 217.27 平方米，殿高 26.53 米，明两层，暗四层，多层重檐，黄瓦红墙，角刺云天。正中是"人文初祖"横额，两侧有一副楹联："轩辕宏恩比宇宙，嫘祖浩绩贯乾坤。"肯定了嫘祖与黄帝齐名的始祖地位。进入嫘祖殿堂，一副长联跃入眼帘："桑绿四野衣被万民伟哉斯功煌煌嫘祖华夏圣母；丝连九州迹耀千载荣兮兹土灿灿元妃楚峡蚕娘。"大殿顶端，有精工彩绘、富丽堂皇的龙凤呈祥图案，其下有 8 组 16 个斗拱、28 只丹凤，代表炎黄子孙遍布五湖四海，四面八方。殿内供奉着嫘祖塑像，左右各有一位侍女相随，侍女手中一个捧着蚕茧，一个捧着金梭，而位于其中的嫘祖母仪端庄，神态安详，手拿蚕茧抽丝，仿佛正在讲授着养蚕、缫丝的技艺。

五、长江三峡临近景观

长江三峡的文化是开放的，上接巴蜀，中塑荆楚，下通吴越，共同塑造了长江文明；长江三峡的景致也不是孤立的，无论是溯江而上还是顺流而下，无论是两峡之间还是临峡沿线，既有原始而美丽的自然风光，又有历史文化风韵和人文遗迹，可谓是数不尽的景观，道不完的风情。在旅游学意义上，它们是长江三峡景区和三峡工程库区的一部分。

（一）丰都鬼城

丰都鬼城位于重庆忠县和涪陵之间的长江北岸边，距重庆市区 172 千米，下游距宜昌 476 公里，是顺游长江三峡的第一个旅游景区。狭义的鬼城指丰都名山，广义的指丰都县，传说这里是人死后灵魂归宿的地方，也就是《西游记》《说岳全传》《封神演义》《聊斋志异》等书中所说的阴曹地府、鬼国幽都。众多名著极尽生花之笔，尽情渲染，使鬼城越发神奇怪诞，唐代诗人李白写就"下笑世上士，沉魂北丰都"的诗句，更使鬼城之名远扬。丰都鬼城是集儒、道、佛教文化为一体的民俗文化艺术宝库，在庞大的阴曹地府里仙道释儒、诸神众鬼盘踞各庙，等级森严，各司其职，并以苛刑峻法统治着传说中的幽灵世界，堪称"中国神曲之乡"。

关于丰都鬼城的来历，历史上众说纷纭。一说汉代方士阴长生、王方平在名山修道成仙，白日飞升，后人把"阴""王"二姓结合起来，附会成了"阴王"——阴间之王，阴王居所即为"鬼都"。后以讹传讹，丰都名山便成为传说中人死后的归宿之地，逐渐演变成令人谈之色变的"鬼城"。一说东汉末年，张道陵创立五斗米教，吸收了不少巫术，逐步演变成为后来的"鬼教"。后来，其孙子张鲁在丰都设立道教"平都治"，道教又杜撰出一个"罗丰山"，说它是专管地狱之神北阴大帝治理的鬼都，就这样把丰都变成了鬼城。另一说源自佛教"阎罗王"，"阎罗王"是梵文的音译，原为古印度神话里管理阴间之王，佛教沿用此说法，称为管理地狱的魔王。据《一切经音义》称，"阎罗王"即"平等王"，他能平等治罪，传说中的"阎罗王"住在丰都，"鬼城"由此得名。

后来，丰都鬼城经过历代统治阶级的不断刻意渲染和历代文人、官吏通过小说、诗词、游记和碑文的描述，更加神秘怪诞。而丰都鬼城也仿阳间司法体系，逐渐营造了一个等级森严，融诉讼、逮捕、羁押、庭审、判决、监狱、酷刑和教化功能为一炉的"阴曹地府"以惩治生前作奸犯科者。它从虚幻到实物，经历了两千多年的历史，将建筑、雕塑、绘画等多种艺术形式结合起来，将佛教、道教、儒家学说以及中国鬼文化有机结合起来，将民间神话传说想象与现实结合起来，将巴渝文化、中原文化和域外文化结合起来，形成了如今天下闻名的"丰都鬼城"和"鬼城文化"，集中反映了中国人的神和鬼、天堂和地狱的观念。古往今来，段文昌、李白、白居易、吕纯阳、李商隐、杜光庭、三苏父子、范成大、陆游、王士祯等名士都曾慕名而来，登临此山，观光览胜，鬼城盛名相沿，誉载环宇。

丰都鬼城古色古香，显得神秘、奇妙、庄严、肃穆。景区江山一脉，怪石林立，千状万态；林木苍翠，古树参天，绿藤绺绺；流水潺潺，曲径通幽；磬鼓晨钟，木鱼玉磬，古音悠悠；朝霞夕照，峡雾香烟，风光醉人；名人骚客留墨遗雅，碑刻诗联韵味隽永；而错落有致的楼台亭榭，巧夺天工的庙宇殿堂，惊心动魄的神王鬼卒，更显鬼城的阴森恐怖。奈何桥、鬼门关、阴阳界、黄泉路、十八层地狱、星辰墩、寥阳殿、玉皇殿、天子殿、无常殿、上关殿、九蟒殿、报恩殿、考罪石、孽镜台、二仙楼、望乡台等著名景观，化顽慑奸，惩恶扬善，叙说神奇。

奈何桥系三孔石拱桥，原名"通仙桥"，后来为顺应阴曹地府之说，方称为奈何桥，桥下石池称血河池。据考奈何桥为明代建筑，距今已500多年。桥两旁各设镶花栏杆，桥面青石铺盖，为廖阳殿门前的一座装饰桥。桥下血河池常盛一潭碧水。

鬼门关位于名山顶部，是进入"天子殿"的外门。古式楼亭，四角飞檐，大门匾额横书"鬼门关"三个黑体大字，一副长联云："名山并非冥山搜纵觅横何曾找着罚孽刑鬼；阴王那是阴王张冠李戴原来为了化顽儆奸。"意在劝诫人们在阳间多做善事，多积德。

天子殿神奇刺激，撼人心魄。阴森森的殿中央，身高6米的天子爷赫然高坐，神目如电，左右朝臣俯首听命，谦恭有加；座前四大判官或捧生死簿，或握勾魂索，秉公执法，惩恶扬善。堂下十大阴帅，威风凛凛对排肃立，莫不逼真。

天子殿左右廊房设东西地狱，又名十八层地狱，上塑执法诸王，下塑各种刑罚。东地狱塑磨推、挖心、火烙、寒水、上刀山、车裂等地狱和"活捉三郎""活捉子都""唐王游地府""刘全献瓜"等组像；西地狱塑碓舂、锯解、下油锅、拔舌、补经、转轮等地狱和"活捉王魁""活捉秦桧""杀狗警妻""目连救母"等组像。种种酷刑无不令人惨不忍睹，毛骨悚然。

每年农历三月三日，丰都鬼城举办浓郁特色的"鬼城庙会"，车船爆满，游人如织，"阴天子娶亲""城隍出巡""钟馗嫁妹""鬼国乐五"等民俗民风游行表演，惊奇谐趣，令人目不暇接，叹为观止。丰都鬼城，以其悠久的历史、独特的文化、神奇的传说、俊秀的风光和难以替代的观赏研究价值，展示出神秘的东方神韵。

（二）忠县石宝寨

石宝寨位于忠县城东45千米处的长江北岸，距重庆市区190千米。石宝寨有一块高达50多米的巨石临江而立，因其孤峰拔地而起，四壁如削，形若一方硕大无比的玉印，得名玉印山，相传为女娲补天所遗的一尊五彩石，故又称为石宝。明万历年间，借助铁索在玉印山顶始建天子殿，明末谭宏率起义军曾据此为寨，故称为石宝寨，后经康熙、乾隆年间修建完善。三峡工程兴建后，石宝寨景区采取就地"护坡仰墙"的保护方式，沿玉印山周围修筑一圈护坡，同

中国著名水文景观

时在护坡上修建 1 米高的墙，把整个石宝寨围堤加固。如今，石宝寨四面环水，已由山寨变成"水寨"，成为一处镶嵌于长江三峡库区的大型江中"盆景"。石宝寨是国家 4A 级旅游景区、国家重点文物保护单位。

石宝寨古朴雅致，是我国现存体积最大、层数最多的穿斗式木结构建筑，为"世界八大奇异建筑"之一。石宝寨依崖取势，整个建筑由寨门、寨身、阁楼、寨顶石刹组成，点翠流丹，飞檐展翼，甚为壮观。寨门为砖石结构，高 6 米多，门额横书"梯云直上"，喻登天云梯，再向上题有瓷嵌"小蓬莱"三字。寨门正反两面，有"五龙捧圣""哪吒闹海"等浮雕，精巧细致，栩栩如生。由寨门攀登到寨顶，要通过依山而建的层楼飞阁。阁共 12 层，皆三方四角，错落有致，原建 9 层，隐含"九重天"之意，顶上 3 层为 1956 年修补建筑时所建；通高 56 米，全系木质穿斗结构，由一条迂回曲折的转梯相连，每一层石壁上都有历代流传下来的石刻、画像和题诗。虽历经三百多年岁月，楼阁仍然坚固如初，丝毫未损。

寨顶是一个占地 1 200 平方米的石坝，海拔 230 米，上有创建于清朝前期的古刹天子殿，为此寨最高点。天子殿，又名兰若殿，分为前、正、后三殿，殿内装饰华丽，幡幢林立，流金溢彩。前殿为护法殿，殿中有忠义神武的关圣大帝和象征风调雨顺的四大天王塑像；正殿为玉皇殿，殿中塑有 3 米多高的玉皇大帝坐像，庄严神圣；后殿为王母娘娘殿，殿中有形态逼真的王母娘娘和七仙女塑像；两边为厢房，分别雕有"八仙过海"和"瑶池祝寿"大型花岗石浮雕。凭栏远眺，滚滚长江，水天茫茫，碧空帆影，景色无限，气象万千，心胸顿时为之开阔。古刹后殿，有一石孔，口大如杯，称"流米洞"。传说寨上修起庙宇后，这石孔每天都会流出一些米来，正巧供庙内和尚食用，故又称"石宝"。后来，有和尚动了贪念，将其凿大以求得更多的米，结果却适得其反，石洞自此粒米不流。寨内还有三组雕塑群像，取自三个故事：其一为巴蔓子刎首保城的故事，其二为张飞义释严颜的三国故事，其三为巾帼英雄秦良玉的故事。

石宝寨布局处理灵活巧妙，造型奇异，别具匠心，巧夺天工，无论是轴线安排、大门位置、楼梯设计还是外型处理，均不受理论约束，因而成为我国南方民间奇异建筑艺术的一朵奇葩，成为长江三峡黄金旅游线上集山、水、古建筑景观于一体的"江上明珠"，闻名遐迩，蜚声中外。

(三) 云阳张飞庙

张飞庙，又名张桓侯庙，位于盘石镇龙安村，与云阳新县城隔江相望，离重庆市区 350 千米。三峡工程启动后，张飞庙从原云阳老县城对岸的飞凤山麓溯江而上 32 千米，搬迁至今址。张飞庙系为纪念三国时期蜀汉名将张飞而修建，始建于蜀汉末期，后经宋、元、明、清历代修葺扩建，已有 1700 多年历史。清乾隆皇帝下江南曾御笔亲题"雄赳赳吓碎老曹肝胆，眼睁睁看定汉室江山"，赞张飞雄风。相传勇毅刚直的张飞急于为义兄关羽报仇，在阆中被部将所害，其部将在投奔东吴途经云阳时得知吴蜀讲和，便将张飞头颅抛于江中。有渔人夜得张飞托梦后，到江中打捞起张飞头颅，葬于飞凤山麓，并立庙纪念，故有"张飞头在云阳，身在阆中"之说，传得神乎其神。张飞庙将其丰富的历史文化内涵、建筑艺术与自然环境有机结合，历来是长江三峡黄金旅游风景线上的重要景观，参观、拜谒者络绎不绝。

张飞庙临江而立，依山取势，殿宇群气象巍峨，匠心独运，气势宏伟壮丽。

庙前临江石壁上书有"江上风清"四个大字，字体笔力浑厚，雄劲秀逸，旁边还镌刻有"正气浩然""义气千秋"字样。庙内由结义楼、望云轩、杜鹃亭、助风阁、得月亭、戏台、大殿、偏殿、障川阁、听涛亭和廊庑等组成，布局严谨，层叠错落，独具一格，古色古香。在总体布局上，张飞庙采取了宅院民居的处理手法，山门、结义楼、戏台、大殿依山就势围成一个主体院落，与望云轩、偏殿、助风阁形成的两个次要院落构成"品"字形布局，把多进院落糅为一体，层次分明，富于变化，既有北方建筑雄奇的气度，又有南方建筑俊秀的质韵，更有园林点染、竹木掩映、曲径通幽、流水潺潺，素有"巴渝胜境"的美称。

张飞庙的大门颇为迥异，不是开在正前方，而是开在侧面墙上，并且是斜错着开的，可谓"歪门邪道"，据说，张飞永远心向蜀汉，所以庙门也要对着成都的方向。门前为清代书画家彭聚星所书的一副对联，上联为：卅里风，舟船助顺，直与造化争权，况淑气东来，定能焕刁斗文章，落花随水留樯燕；下联为：万人敌，召虎侔踪，自是忠忱扶汉，从惠陵西眺，得无念故宫禾黍，望帝有心托杜鹃；横批是：山水有灵。这是渝东地区最长的一副楹联，共68字，概括了张飞的生平以及张飞庙的传说。步入庙门，映入眼帘的是嵯峨高耸的结义楼，楼名取意于当年刘备、关羽、张飞"桃园三结义"的传说。楼上有桃园结义雕像供人瞻仰，人物形象栩栩如生。楼宇飞檐正对江心，凭栏远眺，长江边上的云阳城，如舒展的画卷。

张飞庙正殿琉璃作瓦，红漆染柱，高阔轩昂，巍峨肃穆，给人以神圣之感。正中悬挂着一幅巨大的"力扶汉鼎"匾额，其下是威猛的张飞塑像，两侧是战马护卫，不由让人想起张飞当年高大威猛、声若巨雷、气势如奔马、勇猛善战、粗中有细的形象。两侧分别置放着张飞"长坂退敌""怒打督邮""义释严颜""阆中遇害"四座雕像。此外，庙内望云轩幽静雅致，杜鹃亭气宇轩昂，助风阁挺拔峻伟，得月亭卓立精巧。东西两侧的古木修篁、石径苍苔间，清泉叮咚，飞瀑轻扬，幽深静谧，使庙堂建筑和自然环境浑

漢將軍飛率精卒萬
人大破賊首張郃於
八濛立馬勒銘

然一体，古朴自然。

张飞庙蜚声海内外，不仅因为其建筑奇特，更在于其深厚的文化底蕴。张飞庙内收藏有自汉唐以来的石刻、木刻、书画及其他文物千余件，令其"张祠金石，甲于蜀东"。庙内现存石碑和摩崖石刻计有360余幅，木刻书画200余幅，书画作品自汉唐至明清各代，其中木刻颜真卿书《争座位帖》，气韵生动，行草兼备；石刻苏轼作前、后《赤壁赋》大字长卷，遒劲有力；石刻岳飞书诸葛亮前、后《出师表》，是目前国内仅存的五套岳飞真品题刻之一，赞曰"三绝"（文章绝世、书法绝世、镌刻绝世）；黄庭坚书《唐韩伯庸幽兰赋》，笔走龙蛇，气势雄劲；明代理学家王阳明所书《客座私祝碑》，现为国之孤品；郑板桥书写的诗文和竹石、兰石绘画，件件珍贵……名家荟萃，流派纷呈，各领风骚，实为罕见。此外，尚有刘墉、张船山、竹禅、赵熙、郭尚元、张潮庸、刘贞安等人的木刻字画，琳琅满目，美不胜收，张飞庙也因此素有"文藻胜地"之盛誉。张飞庙蕴藏的丰厚的文化韵味，令人赞叹不已，流连忘返。

（四）大宁河小三峡

大宁河小三峡，又称巫山小三峡，是长江第一大支流大宁河下游流经巫山境内的龙门峡、巴雾峡、滴翠峡的总称，南起巫山县，北至大昌古镇，全长约50千米，以山雄、峰秀、水清、景幽、石美为特色，人称"小三峡"。小三峡与长江大三峡毗邻，物华天宝，钟灵毓秀，旅游资源丰富，名胜古迹众多，被人誉为"中华奇观""天下绝景"。景区内峻岭奇峰多姿多彩，飞瀑清泉清幽秀活，悬崖古洞神秘莫测，山林竹木茂密繁盛，多种鱼类畅游河底，各色鸟类展翅纷飞，猴群结队攀树嬉戏，更有谜存千古的巴人悬棺、船棺、古寨和神秘的古栈道，古风浓郁、精巧质朴的大昌古镇等珍贵的历史遗迹，在这天然氧吧里做绿色深呼吸。在这原始幻境中览古今奇观，在这历史遗韵中做时空穿越，令人留连忘返，回味无穷。

小三峡荟萃自然之美，蜚声中外，闻名遐迩，成为长江三峡黄金旅游水道线上绝妙的旅游胜地，有"曾经沧海难为水，除却宁河不是峡；五岳归来不看山，宁河归来不看峡"之颂。相比大三峡，小三峡的风光更为奇特绮丽，"不是三峡，胜似三峡"，因而有"三峡山水甲天下，宁河山水甲三峡"之说。1991年，大宁河小三峡被评为中国旅游胜地四十佳之一，2007年，小三峡—小小三峡被评为国家5A级旅游景区。

龙门峡从龙门峡口至银窝滩，主峡区3千米。峡口龙门犹如瞿塘峡的"夔门"，雄壮巍峨，"不是夔门，胜似夔门"，故有"小夔门"之称。峡谷两岸峰峦耸立，绝壁摩天，天开一线，形若一门，险峻峥嵘，素有"雄哉，龙门峡"之誉。峡谷内河滩险绝，清流湍急，河底色彩斑斓的卵石历历可数；悬崖上翠竹垂萝，摇曳多姿，满山苍翠，茂密繁盛，遮天蔽日；山中四时变幻莫测，云雾缭绕，幽丽可人，如临仙境。峡中有传为中国最长的古栈道遗迹的起点处及龙门桥、龙门泉、青狮卫门、九龙柱、灵芝峰等胜景。出峡口便是滩险流急的银窝滩，旧时行船异常艰险，多于此颠覆，故有此称，取其水底之财宝之意。船行其间，有"巴水急如箭，巴船去如飞"之感，人在船中，惊而不险，别有奇趣。

巴雾峡，因峡中支流巴雾河而得名，又名铁棺峡，因其东岸离水面四五米高的绝壁石缝中还有一具黑色的悬棺，俗称"铁棺材"，故名。巴雾峡从乌龟滩至双龙，长10千米，山高谷深，碧流静淌，云雾迷蒙；钟乳密布，千奇万状，怪石嶙峋，形成一组组天然雕塑，似人、似物、似兽，妙趣横生。舟游峡中，峰回路转，石出疑无路，转弯别有天，向有"奇哉，巴雾峡"之赞。峡中有龙进山、虎出山、马归山、猴子捞月、回龙洞、仙女抛绣球、仙桃峰、观音坐莲台、八戒拜观音等景观。巴雾峡悬棺众多，据考证悬棺之葬始于西周，止于明代，有些悬棺已相距2000余年，却依然完好无损，实乃中外罕见。

滴翠峡从双龙至涂家坝，长20千米，是小三峡最长、最幽深、最秀丽的一段峡谷，既有

气势磅礴的大观，又有玲珑剔透的小景。峡中无峰不峭壁，有水尽飞泉，群峰竞秀，杂花生树，林木葱葱，翠竹绿绿，清新之感，难以言喻；瀑布凌空，飞珠溅玉，恰如千条银带从云空飘洒下来；一江碧流，涛声醉人，鸳鸯戏水，鱼翔浅底；群鸟乱飞，群猴攀援，猿声阵阵，空谷传音，饶有野趣，构成了一条美妙动人的自然山水画廊，因而有"幽哉，滴翠峡"之赞和"无限秀美处，最是滴翠峡"之誉。峡中钟乳石遍布，石石滴水，处处苍翠，可以欣赏到水帘洞、摩崖佛像、天泉飞雨、罗家寨、绵羊滩、登天峰、赤壁摩天、双鹰戏屏、红屏翠莲、飞云洞等绚丽多彩的景色。其中，水帘洞瀑布像白绫缥缈，红屏翠莲像莲花似的乳石倒挂在红色悬崖上，天泉飞雨从高山岩洞流出，"飞流直下三千尺"，化为一片水花，满峡飞舞，天然美景活像神仙境界。而赤壁摩天是一片高达数百米的峭壁，如刀削一般，直插云天，在阳光的照射下，金光闪闪，赤壁之谓，名副其实。

（五）马渡河小小三峡

马渡河小小三峡位于滴翠峡境内的大宁河的支流马渡河上，是长滩峡、秦王峡、三撑峡的总称，全长约 20 千米。马渡河发源于大巴山深处，江水自东北流向东南，最后在滴翠峡登天峰注入大宁河。马渡河的得名，据《巫山地名录》记载："明洪武，进取明升，骑马两路，由此而渡，遂名。"小小三峡是大宁河小三峡的姊妹峡，因比大宁河小三峡更小，故名。这里原始植被保持完好，沿途翠色映目，随处生就离奇钟乳，满天飘洒飞瀑雨雾，集幽、秀、翠、美、怪、奇于其中，充满浓郁的诗情画意，真是"两岸无石不奇秀，悬岩有水尽飞花"的世外桃源。

小小三峡风光旖旎，生机盎然，奇峰多姿，山水相映；水流平缓，清澈见底，色若翡翠，明如琉璃；两岸山势奇峻，悬崖对峙，壁立千仞，河道狭窄，天开一线，透露出遮挡不住的诱惑。山岩上倒垂的钟乳石，奇形怪状，千姿百态，散发着原始古朴的气息。舟行其间，夹岸风光无限，满目苍翠，美观至极，如入仙境。仰望小小三峡，两岸山峰高耸，气势雄险，犹似要合抱一般，气魄十分雄伟；俯看，河水清澈如镜，偶有鱼群游过，引人竞相捕捉，激起层层水花，于阳光下灿灿闪耀；侧观，沿岸多有色彩斑斓的卵石，时见古生物化石，妙趣横生。

长滩峡水平如镜，山水掩映，幽深神秘，奇绝原始，有滴水岩、聪明泉、手爬岩、穿洞子等景致。秦王峡山清水秀，幽深静谧，水流平缓，清澈见底，是漂流游览的最佳地段。秦王峡东岸有一溶洞，相传明代有一位姓秦的人，尊皇命于此熬硝监制炸药有功，朝廷封其为秦王，洞遂名"秦王洞"，峡亦名"秦王峡"。峡内有望乡台、虎头岩、黄龙过江、鲤鱼跃龙门、仙女迎宾、仙乐钟、罗汉堂等景点。三撑峡河道狭窄，水流湍急，景幽水秀。逆水上行，必用篙竿不停地撑船，故有"三撑"之说。这里原始植被完好，沿途翠色映目，随处生就离奇钟乳，满天飘洒飞瀑雨雾，充满浓郁的诗情画意，穿行其中，返璞归真、拥抱自然的情趣油然自生。峡内有鹿回头、寿星峰、石柱湾、相思泉、龙虎潭、八戒过河、母亲石、月亮寨等景观。

(六) 神农溪

神农溪是长江走出巫峡进入香溪宽谷之后的第一条支流，因传说古代神农炎帝在搭架采药后顺溪而下得名。它流经湖北省巴东县境内，发源于神农架南坡的莽莽青山之中，蜿蜒奔流 60 余千米，分 3 个峡段（龙昌峡、鹦鹉峡、神农峡）和 1 条支流（绵竹峡），最后在巴东县境内的西壤口悄然投入浩瀚长江的怀抱。据统计，神农溪景区有百米高的瀑布 8 处，象形山石 30 余处，大小溶洞 60 余处，各类植物如珙桐、腊梅、香菊、天葱、母木莲、香果树、岩白菜等 3 700 多种，其中 30 多种受到国家重点保护，各类动物如飞鼠、金丝猴、苏门羚等 1 000 多种，其中有 40 多种受到国家重点保护。

作为一条典型的峡谷溪流，神农溪两岸风光奇美，峰峦紧束，山形奇特，云烟氤氲；松柏繁茂，修竹劲挺，苍藤蜿蜒，四季常青；清风阵阵，野草丰美，山花烂漫，色彩缤纷；流水绕山穿峡，飞鸟翻飞啾鸣，韵味十足，风情万种，构成一组组赏心悦目的风景群落，恰似一幅幅生动的山水图画。神农溪盘桓于千重大山和万道深渊之间，集雄、奇、险、秀美景于一体，成为三峡中一个峡谷幽深、绿树成荫、水清倒影、鸟语花香、风景如画且民俗风情浓郁的旅游胜地，其灵动的容颜、空灵淡雅的意境和厚重的文化气质让无数中外游客惊叹不已，被誉为长江三峡中的"翡翠水道"。2011 年 5 月，神农溪荣膺国家 5A 级旅游景区。

神农溪各峡段景观各异，美不胜收，龙昌峡以"雄"显扬，峡谷迂回曲折，深若幽巷重门，两岸树木繁茂，藤蔓植物攀附其上，遮天蔽日，有仙客送翁、鳄鱼出洞、天然泳场、熊猫石等景点；鹦鹉峡以"奇"见长，因峡内有一座山峰形似鹦鹉而得名，峡内山峦叠嶂，多奇峰异景，有的山峰如狂啸之虎，有的如嬉戏之猴，有神农溪最大的溶洞燕子阡、四季鲜花盛开的年花滩以及古栈道等景点；绵竹峡以"秀"出名，两岸山间多为绵竹覆盖，郁郁葱葱，青翠欲滴，空气异常清新，峡间格外幽静，给人一种远离尘世的感觉，有蟒蛇出山、鲲鹏展翅、野人伸掌等奇石异景；神农峡以"绝"著称，因峡中有一山峰形似神农炎帝而得名，峡中水面倒映着青峰竹影，山花清香四溢，有神农峰、九孔岩、鱼泉瀑布、神农温泉、夫妻树等景点，无不令人叫绝。穿越神农溪，在碧水清波上悠然漂流，青山移退，时有涓涓细流，泉水叮咚，清冽明净；时有飞瀑直下，鱼翔浅底；时有数声鸟叫，几段虫鸣；时有群猴跳跃，攀援嬉戏；时有唢呐声声，空谷回荡；时有土家妹子的咏唱，宛转悠扬；时有纤夫的号子，激昂嘹亮，游客享受这一派山野情趣，流连忘返。

神农溪古老淳朴的纤夫拉纤及原始的"豌豆角"扁舟漂流保存完好，"三尺白布，嗨哟！四两麻呀，嗬嗨！脚蹬石头，嗬嗨，手刨沙呀……"这一声声激越豪迈的号子是神农溪上的纤夫在逆水行舟或遇险滩恶水时，从喉头聚力迸发而出的。他们是世界唯一保存的纤夫活化石，体现了纤夫文化的原始、古朴、神秘与博大。乘"豌豆角"木船，听号子声声，看浪花朵朵，情随碧波荡漾，正如欧阳修一首词所描绘的："无风水面琉璃滑，不觉船移。微动涟漪。惊趣沙禽掠岸飞。"岸边偶有村寨掩映在凤尾竹、芭蕉叶、柑橘林、乌桕树中，如诗如画，恍若世外桃源。离船登岸，可在土家吊脚楼中休憩，或游泳，或捡石，或去村中参观古老原始的水磨、石碾，观赏土家人粗犷的巴山舞、对山歌，品尝苞谷酒和土家饭菜，风情与人情，自然与人文，山光与水色，合成一个胜境福地，令人如痴如醉。鬼斧神工的自然景观与深厚浓郁的地域文化相互融合，彰显出神农溪极高的观赏和游憩价值。

（七）香溪

香溪又名昭君溪，《水经注》称乡口溪，《清史稿》称县前河。传说王昭君出塞前常于溪中浣洗香罗帕，以致溪水芳香四溢，清馨馥郁，故名。其实，香溪原本叫"乡溪"，因屈原死后灵魂"归乡"而得名。宋以后，才改"乡溪"作"香溪"。

香溪发源于神农架山区，流过石灰岩裂缝，经洞穴过滤沉淀，湛蓝碧透，"水色如黛，澄清可掬"，由北向南流经兴山、秭归两县，于香溪镇注入长江，交汇处清浊分明，相映成趣。香溪流域面积约3 100平方千米，自然落差约1 540米，流域呈扇形。三峡工程修建后，水位上升的香溪呈现一派轻吟低唱的姿态，给人以壮阔、浩渺、雄浑、博大、深邃之印象，装扮长江，荡涤污秽，散发出凝重肃穆的气氛。

在绿水悠悠的香溪河畔，历史上曾出现过两位著名人物，一位是伟大的爱国诗人屈原，其故里在秭归三闾乡乐平里村，现存有

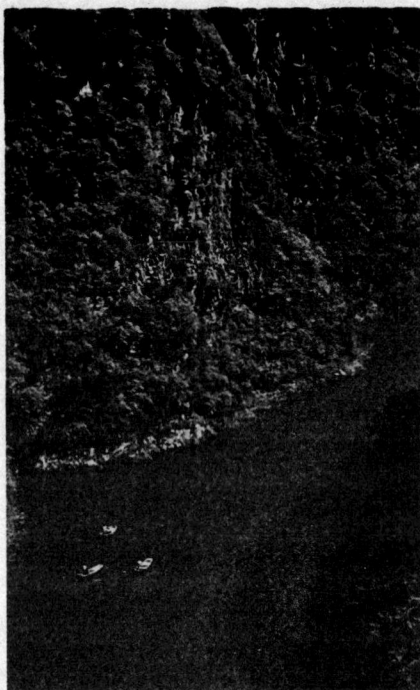

屈原谈书洞、照面井等遗迹。传说屈原死后，一条大鲤鱼驮着他的遗体，从汨罗江经洞庭湖、长江来到香溪，使诗人得以魂归故里。香溪岸边有一处沙滩，据说是屈原遗体安葬之处，后人取名"屈原沱"。

另一位是汉明妃王昭君，其故乡在香溪上游兴山县的宝坪村。据《汉书》载，王昭君于竟宁元年（公元前33年）与匈奴单于和亲，以巾帼之身，灭烽烟战尘，换来友好和睦，赢得后世景仰。杜甫诗云："群山万壑赴荆门，生长明妃尚有村。"宝坪村又名明妃村，这里山清水秀，岩壑含翠，群峰屏立，茂林修竹，香花遍野，芳草萋萋，不仅有修复的昭君故宅、耸立在宅门外的汉白玉昭君雕像，还有望月楼、琵琶桥、梳妆台、楠木井、王子崖等遗迹及许多有关昭君的美丽故事和传说，寄寓了人们"昭君自有千秋在，胡汉和亲见识高"之意。

香溪两岸山光水色美不胜收，秀峰重叠，云缠雾绕，宛如画屏；松柏苍郁，林木葱茏，野花幽芳，点缀在溪涧错落的幽静色调之中，令人情趣盎然。每当暮春溪涨水暖之时，常见形如桃花，身分四瓣，轻若绫罗，色呈粉红或蔚蓝之桃花鱼，随波嬉戏于碧水之中，与夹岸桃花浑然一体，好不美丽！清人有诗云："花开溪鱼生，鱼戏花影乱。花下捕鱼人，莫作桃花看。"描述了花影鱼踪交相辉映的景色，颇有诗情画意。"后皇嘉树，橘徕服兮；受命不迁，生南国兮。"香溪沿岸，橘林片片，每到秋天，香溪两岸黄橘跳荡着生命的旋律，依依的红枫树亲吻着香溪的波光，群山的笑语轻轻飘荡在明洁澄净的溪水里，美得让人心悸，美得让人窒息。